"绿美东莞·品质林业"系列书籍

东莞市大岭山森林公园昆虫图鉴

主　编◎桑　文　张尚坤　李炳华

中国林業出版社
China Forestry Publishing House

“绿美东莞·品质林业”系列书籍
东莞市大岭山森林公园昆虫图鉴
主　　编：桑　文　张尚坤　李炳华
策　　划：王颢颖
特约编辑：吴文静

图书在版编目（CIP）数据

东莞市大岭山森林公园昆虫图鉴 / 桑文，张尚坤，李炳华主编. -- 北京：中国林业出版社，2024.1
（“绿美东莞·品质林业”系列书籍）
ISBN 978-7-5219-2350-6

Ⅰ.①东… Ⅱ.①桑… ②张… ③李… Ⅲ.①森林公园－昆虫－东莞－图集 Ⅳ.① Q968.226.53-64

中国国家版本馆 CIP 数据核字 (2023) 第 177844 号

责任编辑　张　健
版式设计　柏桐文化传播有限公司

出版发行　中国林业出版社（100009，北京市西城区刘海胡同 7 号，电话 010- 83143621）
电子邮箱　cfphzbs@163.com
网　　址　www.forestry.gov.cn/lycb.html
印　　刷　北京雅昌艺术印刷有限公司
版　　次　2024 年 1 月 第 1 版
印　　次　2024 年 1 月 第 1 次印刷
开　　本　889 mm×1194 mm 1/16
印　　张　11.5
字　　数　280 千字
定　　价　148.00 元

丛书编委会

主　　任：黄德洪　邢福武

副 主 任：陈红锋　赵玮辛　江日年　苏景旺　魏元春　徐正球

委　　员（按姓氏拼音排序）：

邓爱良　邓应生　方晓峰　付　琳　韩锡君　李炳华

桑　文　袁财圣　张礼标　张尚坤

本书编委会

组编单位：华南农业大学

东莞市大岭山森林公园

中国科学院华南植物园

主　　编：桑　文　张尚坤　李炳华

副 主 编：邓应生　邓爱良　袁财圣　麦智翔　王兴民　方晓峰

编　　委（按姓氏拼音排序）：

陈　洁　邓爱良　邓应生　董露露　官永锋　郭秋红　黄圆圆

黎颖静　李炳华　李果惠　李莉君　李敏儿　李子雍　刘丽媛

刘兆康　陆明田　麦智翔　潘　俊　秦　鹏　桑　文　佘欣颖

王明慧　王兴民　王兆雄　谢予希　熊泽恩　严朝东　叶卫钟

袁财圣　张梦珂　张尚坤　郑春平　钟学明　庄会霞

摄影人员（按姓氏拼音排序）：

陈　洁　郭秋红　黄圆圆　刘丽媛　秦　鹏　桑　文　王明慧

王兴民　王兆雄　熊泽恩　张梦珂

前言

东莞市大岭山森林公园位于广东省东莞市西南部，珠江口的东北部，东经113°42′22″~113°48′12″，北纬22°50′00″~22°53′32″，南至莲花山山腰，西至白石山山脚，北至厚大路。东莞市大岭山森林公园，管辖面积约74 km^2，东至东莞市大岭山镇与深圳宝安区交界处，南至莲花山山腰，西至白石山山脚，北至厚大路。由于地处珠三角经济高度发达地区，且周边人类活动较为活跃，公园的生物多样性具有一定的典型性、独特性和代表性。森林覆盖率93.2%，水资源丰富，动植物种类繁多，是一个集游览、科考、休闲和康体健身于一体的综合性森林公园。

公园属低山、丘陵地貌，整体地势东高西低，海拔15~530.1 m，最高点为茶山顶。公园属亚热带季风气候，长夏无冬，年均气温在20℃以上。受自印度洋孟加拉湾、太平洋和南海的水汽影响，公园干湿季节明显，年平均降水量1700~1800 mm，主要集中在4~9月。公园内水资源丰富，有水库16个，总库容达8000万 m^3，各水库库岸曲折多变，倒影如画，众多半岛将湖面天然分隔，形成迂回幽静的港湾。森林公园地带性土壤为赤红壤，土层深厚，一般厚度在100 cm以上，有机质多，比较肥沃。

昆虫是动物界种类最繁盛、数量最庞大的一个类群，其种类繁多，在世界上的分布十分广泛，估计有1000万种，迄今已知只有100多万种。由于昆虫与生态系统里的各级消费者、生产者、分解者密切关联，因此昆虫多样性是生态环境稳定最重要的指标。对森林公园内部昆虫群落结构消长动态、多样性和环境监测指示昆虫的研究，能为森林公园健康开发管理、生境监测提供重要的依据。随着城市化进程加大，昆虫生存的自然空间集聚缩减，外加人类活动和化学农药的使用，很多种类昆虫处在数量下降甚至绝灭的边缘。公众对昆虫本身缺乏

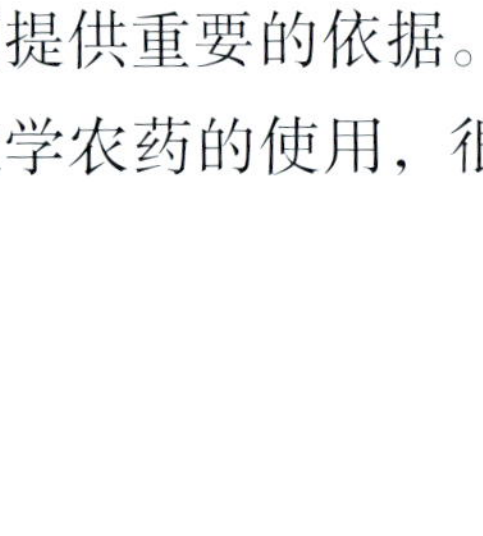

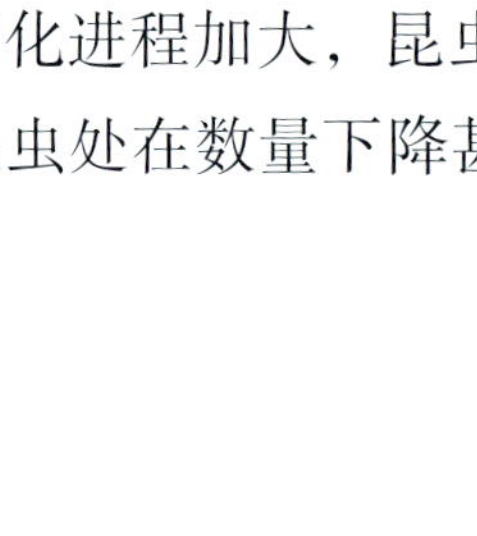

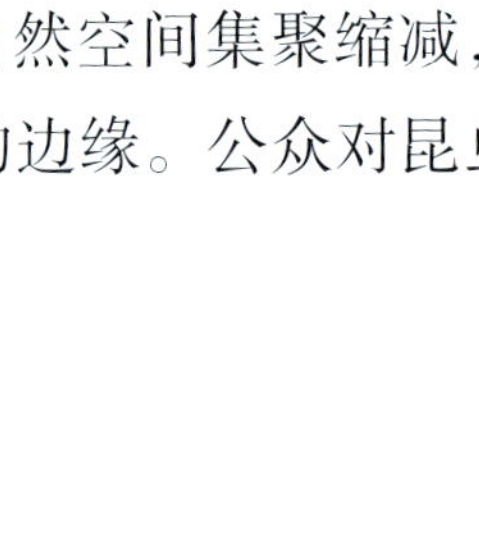

足够的认识，更是加大了昆虫保护的难度。

大岭山森林公园作为东莞市可供游览、科考、休闲和康体健身的一个综合性森林公园，保留市级自然保护区，使珍贵森林资源和珍稀濒危物种得到更有效地保护。对该地区自然资源进行系统的调查，有助于推进绿美广东生态建设，保护生物多样性，精准提升森林质量，构建绿美广东生态建设新格局，摸清该公园的资源本底，为东莞经济社会发展提供高质量林业保障。

2021 年 11 月至 2022 年 8 月，受东莞市大岭山森林公园的委托，华南农业大学联合中国科学院华南植物园、广东省科学院动物研究所、广东省科学院微生物研究所（广东省微生物分析检测中心），对整个大岭山森林公园范围内的植物、脊椎动物、昆虫、大型真菌资源、旅游资源开展了系统的野外科考，通过观察、扫网、灯诱、马氏网、陷阱、脱氧核糖核酸（DNA）条形码等方法，共采集鉴定昆虫 17 目 99 科 353 种，首次发现中国大陆新记录物种二十星菌瓢虫 *Psyllobora vigintimaculata*，并对其形态和生物学特征进行详细的描述。同时，为了让更多的学者和公众对大岭山森林公园昆虫种类有更多的了解，我们编制了《东莞市大岭山森林公园昆虫图鉴》。本书记录了大岭山森林公园的昆虫总计 12 目 63 科 157 种，并配有昆虫的生态照或标本照，便于读者对大岭山森林公园的昆虫进行识别鉴定，供科研人员、森林公园管理人员和昆虫爱好者参考使用。此外，为了让本书能更具有科普性，书中简化和回避了很多对昆虫分类学专业术语的表述，不足之处请读者见谅。

本书在编写和出版过程中，得到了中国农业大学刘星月、李虎，东北林业大学韩辉林，西南大学王宗庆，华南农业大学陈晓胜、王厚帅，东莞市大岭山森林公园黎少辉、邓玮杰、邓卫华等同行的支持和帮助。在此，谨向为本书的编研和出版工作作出贡献的单位和个人表示衷心的感谢。

在本书即将付梓之际，我们衷心希望本书的出版能为我国的昆虫多样性保护工作起到积极的推动作用，能为我国的昆虫学工作者、爱好者，以及研究生、大学生在昆虫学科的野外实习时提供参考。由于水平有限、时间紧迫，疏漏甚至错误之处在所难免，恳请各位读者提出宝贵意见。

本书编委会

2023 年 11 月

目录

前言

膜翅目

蜚蠊目
Blattaria

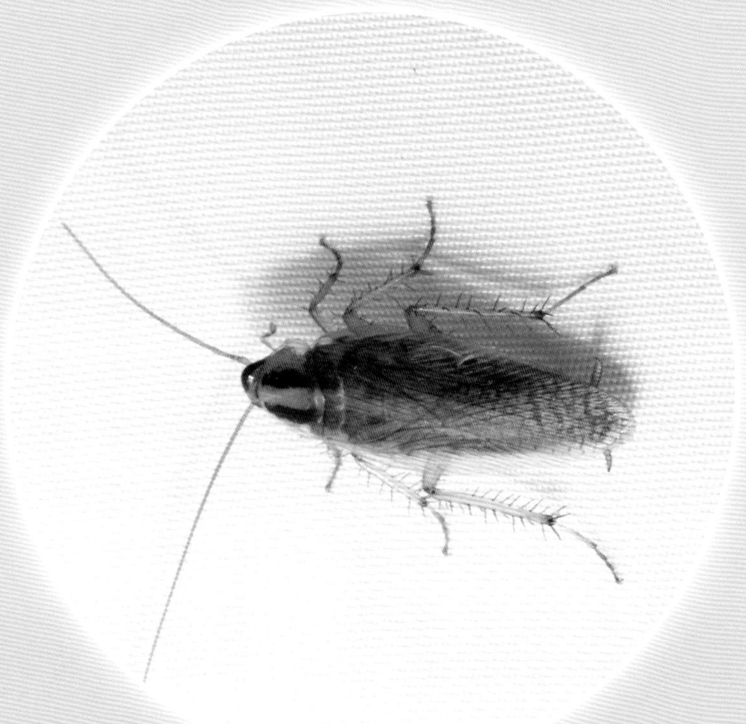

硕蠊科 Blaberidae

东方水蠊
Opisthoplatia orientalis

形态特征

成虫体长 25~35 mm，黑红色，盾形。前胸背板前缘及侧缘黄白色，中域及后缘红黑色。前后翅退化，呈叶片状，翅端尖锐。腹部背板黑色，两侧红棕色。

分　布

广东、云南、广西、福建、贵州、香港、海南、台湾。

姬蠊科 Blattellidae

双纹姬蠊
Blattela bisignata

形态特征

成虫体长 11~15 mm，浅黄褐色。前胸背板具 2 条黑色的纵向条纹，中域淡黄褐色。前翅淡黄褐色，脉纹明显。该种为野外种，常在野外草丛栖息，夜行性。该种和我国常见的室内害虫德国小蠊外部形态非常相似，是其近似种。

分　布

广东、云南、广西、福建、贵州、香港、海南、台湾。

蜚蠊科 Blattidae

美洲大蠊
Periplaneta americana

形态特征

成虫体长 29~40 mm，红褐色。前胸背板浅黄色，中间具较大的蝶形褐色斑纹，斑纹的后缘有完整的黄色带纹。触角长于体长，翅长于腹部末端。

分　布

遍布世界各中低纬度地区。我国广布。

黑胸大蠊
Periplaneta fuliginosa

形态特征

成虫体长 23~30 mm，头黑色，前胸背板黑色或深赤褐色，略成三角形，中部稍隆起，表面平整，前后翅赤褐色，略长于身体。

分　布

广东、云南、贵州、四川、广西、福建、浙江、江苏。

白蚁科 Termitidae

黑翅土白蚁
Odontotermes formosanus

形态特征

兵蚁成虫体长约 6 mm，头暗深黄色，腹部淡黄至灰白色。上颚镰刀形，左上颚中点前方有一明显的齿，齿尖斜向前；右上颚内缘的对应部位有一不明显的微齿。有翅成虫头胸腹背面黑褐色，头部和腹部的腹面棕黄色。触角 19 节。前胸背板中央有一淡色的十字纹，纹的两侧前方各有一椭圆形的淡色点，纹的后方中央有带分支的淡色点。翅长且大，前翅鳞大于后翅鳞。工蚁头黄色，胸腹部灰白色。卵乳白色，椭圆形。

分　布

广东、河南、江苏、海南、西藏、安徽、浙江、湖北、湖南、四川、贵州、台湾、福建、广西、云南、山西、山东、陕西、河北等。

蜻蜓目
Odonata

蜻科 Libellulidae

闪蓝丽大蜻
Epophthalmia elegans

形态特征

成蜻体大型，体长 58 mm。胸部黑色，具绿色金属光泽。翅透明，翅展 100 mm。腹部黑色具黄斑，雄性第 2 腹节两侧具耳状突起。足黑色，基部具黄斑。

分　布

广东、四川、湖南、河北、北京等。

螳螂目
Mantodea

螳科 Mantidae

棕静螳
Statilia maculata

形态特征

成虫体型中等，体长 4.5~6 cm，身体大多为棕色，也有褐色、米色的个体，绿色个体较少见。前足基节和腿节内侧具有大块的黑色斑纹，前足内部有黑、白、粉色斑。复眼突出，单眼 3 个，排成 3 角形。触角丝状，口器咀嚼式，上颚发达。

分　布

我国广布。

中华大刀螳
Tenodera sinensis

形态特征

成虫体型因地区不同存在差异，沿海地区较大，内陆较小；体色暗褐色或绿色。雌虫体长 60~120 mm，平均体长 85 mm，饲养下出现 50 cm 的极小个体，前胸背板长 23~40 mm；雄虫体长 68~87 mm，前胸背板长 21~28 mm。头三角形，复眼大而突出。前胸背板前端略宽于后端，前端两侧具有明显的齿列，后端齿列不明显；前半部中纵沟两侧排列有许多小颗粒，后半部中隆起线两侧的小颗粒不明显。雌虫腹部较宽。前翅前缘区较宽，草绿色，革质。后翅不超过前翅的末端，带有烟斑色。足细长，前足基节长度超过前胸背板后半部的 2/3，基节下部外缘有 16 根以上的短齿列，前足腿节下部外线有刺 4 根，等长；下部内线有刺 15~17 根，中央有刺 4 根。

分　布

广东、辽宁、河北、河南、山东、陕西、江苏、浙江、广西、台湾、福建、湖南、四川、安徽、北京等。

越南小丝螳
Leptomantella tonkinae

形态特征

小型纤细的种类，成虫体长 30 mm 左右。头较窄，前翅乳绿色，前胸背板中央隆起两侧带有小黑点组成的黑线。

分　布

广东、福建、广西、重庆、云南等。

直翅目
Orthoptera

蟋螽科 Gryllacridoidea

明透翅蟋螽
Diaphanogryllacris laeta

形态特征

成虫体色棕淡黄色。头部背面具4个黑色斑纹，排列成半圆形，侧单眼之间具2个黑色斑纹，有时颜面具数个不明显的黑点，颊部带暗黑色；复眼黑褐色，单眼黄色。前胸背板黑色，边缘淡黄色。前翅灰白色，翅脉暗褐色。各足膝部、前足和中足胫节距均为暗色，后足股节和胫节刺黑色。第9~10腹节背板暗黑色。

分　布

华东、华中、华南地区广布。

螽斯科 Tettigoniidae

烟云彩螽
Callimenellus fumidus

形态特征

成虫体中至大型，棕色，粗壮。各足股节均侧扁，腹缘无刺，前足胫节内、外侧听器均为开放型。覆翅不超过腹端，弯曲。

分　布

广东、广西。越南、菲律宾。

刺翼蚱科 Scelimenidae

优角蚱
***Eucriotettix* sp.**

形态特征

成虫体中小型。头稍隆起，略高于前胸背板。头顶宽较一复眼宽狭，前端较后端稍窄；中隆线在端部明显，两侧微凹陷，侧隆线在前端略隆起。颜面在触角间向前隆起，纵沟狭。侧单眼位于复眼中部内侧。触角丝状，着生于复眼下缘内侧。复眼球形，稍高于头顶。前胸背板前缘平截，或仅在中央微凹入；背面较平坦，具皱纹或小颗粒；中隆线全长明显，侧隆线在沟前区几平行，肩部具短纵隆线；肩角钝圆；后突长锥形，超出后足股节端部；前胸背板侧叶后角薄片状扩大，末端尖锐或具刺，刺横向或略向前弯。前翅长卵形，后翅伸达前胸背板末端。前、中足股节细长，边缘完整；后足股节粗壮，边缘具细锯齿；后足胫节边缘向末端略扩大，具刺；后足跗节第 1 节明显长于第 3 节，第 1 跗节下缘的 3 个肉垫几等长。

分　布

广东、河南、湖北、湖南、福建、海南、广西、四川、贵州、云南、西藏、台湾。

蝼蛄科Gryllotalpidae

东方蝼蛄
Gryllotalpa orientalis

形态特征

成虫体长 30~35 mm，灰褐色，全身密布细毛。头圆锥形，触角丝状。前胸背板卵圆形，中间具一暗红色长心脏形凹陷斑。前翅灰褐色，较短，仅达腹部中部。后翅扇形，较长，超过腹部末端。腹末具 1 对尾须。前足为开掘足，后足胫节背面内侧有 4 个距。

分　布

我国长江流域及其以南各地。

竹节虫目
Phasmida

䗛科 Phasmatidae

圆粒短角棒䗛
Ramulus rotundus

形态特征

成虫形似植物枝条。雄虫体色大多数是绿色，在中胸和腹部末端出现棕色。触角短。雌虫体色绿色或褐色两型。

分　布

广东、广西、海南、云南。

异翅竹节虫科 Heteropterygidae

广西瘤竹节虫
Orestes guangxiensis

形态特征

成虫体长 46 mm 左右，短粗，腹部中部较宽，全身具瘤状颗粒，但无刺。具有灰白色至黑褐色多种色型。

分　布

广东、广西、香港、海南、福建。

半翅目
Hemiptera

蝽科 Pentatomidae

绿岱蝽
Dalpada smaragdina

形态特征

成虫前胸背板前侧缘基半锯齿状，侧角黑色，结节状，上翘，末端圆钝，顶端暗棕色。小盾片基缘横列的4~5个小斑及末端均呈浅橙黄色。前翅膜片烟灰色，脉纹淡褐色，长过腹末，侧接缘同体色，外缘具浅橙黄狭边。足黄、黄褐或红褐色，腿节散生褐小斑点。腹部腹面淡黄褐色，各节侧缘具金绿色宽带，外缘淡黄色。

分　布

广东、湖南、黑龙江、陕西、河南、江苏、浙江、安徽、江西、湖北、四川、台湾、福建、广西、贵州、云南。

麻皮蝽
Erthesina fullo

形态特征

成虫体长 20~25 mm，宽 10~11.5 mm；体黑褐色密布黑色刻点及细碎不规则黄斑。头部狭长，侧叶与中叶末端约等长，侧叶末端狭尖。触角 5 节黑色，第 1 节短而粗大，第 5 节基部 1/3 为浅黄色。喙 4 节浅黄色，末节黑色，达第 3 腹节后缘。头部前端至小盾片有 1 条黄色细中纵线。前胸背板前缘及前侧缘具黄色窄边。胸部腹板黄白色，密布黑色刻点。各腿节基部 2/3 浅黄色，两侧及端部黑褐色，各胫节黑色，中段具淡绿色环斑，腹部侧接缘各节中间具小黄斑，腹面黄白色，节间黑色，两列散生黑色刻点，气门黑色，腹面中央具一纵沟，长达第 5 腹节。

分　布

广东、辽宁、河北、山西、陕西、山东、江苏、浙江、江西、广西、四川、贵州和云南等地。日本和东南亚各国。

二星蝽

Eysarcoris sp.

形态特征

成虫触角淡黄色，第 4、5 节暗棕色。前胸背板前部侧区各有 1 块由刻点组成的暗色斑；前缘及前侧缘均具淡黄色狭边，侧角钝圆，棕黑色，稍伸出。小盾片两基角处各具 1 个黄白色椭圆形斜斑，端大半具隐现的锚形淡色斑。前翅膜片无色，稍长过腹末。侧接缘黑色，外缘色淡。足淡黄褐色，散生黑色小斑点。腹部腹面中央具较狭的漆黑色区。

分　布

广东、湖南、河南、江苏、浙江、安徽、江西、湖北、四川、福建、广西、海南、贵州、云南。印度、阿富汗。

土蝽科 Cydnidae

大鳖土蝽
Adrisa magna

形态特征

成虫体长 15~17 mm，宽 8.5~9 mm；黑色，体表刻点显著，具光泽。头前端宽圆，具粗皱纹及刻点，侧叶略长于中叶，在中叶前相接，小颊后缘宽阔，后角突出；触角褐色，第 4、5 节色较浅。前胸背板刻点粗而稀，前部中央及后缘处光滑，侧缘稍外拱，具狭翘边，前角前缘处有 1 列很密的短刚毛。小盾片刻点粗而稀，末端光滑，尖削。前翅革质部刻点小而密，膜片烟黑色，散布浅色斑点，稍长过腹末。侧接缘、足及腹部腹面同体色。

分　布

广东、湖南、北京、江西、四川、云南。

角蝉科 Membracidae

弧角蝉
Leptocentrus sp.

形态特征

成虫前胸背板背盘部隆起而圆，前胸斜面宽为高的 2 倍。肩角发达，端钝。上肩角很发达，伸向外上方，长大于其基部间的距离，有 3 条脊起，端部尖锐，高出后突起。后突起从前胸背板后部伸出，着生点和上肩角在一个水平上，基部远离小盾片，细长弯曲呈弧状，有明显的三条脊起，端部指向前翅臀角，或有接触，顶尖锐，达到或伸出前翅臀角。小盾片三角形，完全露出，顶端有明显缺切，少数平截而无缺切。

分　布

广东。

三刺角蝉
Tricentrus sp.

形态特征

成虫体型小，黑色。头黑色，宽大于长，具刻点和毛，头顶上缘弧形，波曲，下缘倾斜，微曲。复眼橙黄色，半球形。单眼黄色，位于复眼中心连线上方，彼此间距离大于到复眼的距离。前胸背板黑色，多刻点，被金色细毛。前胸斜面圆，中部微前倾。肩角发达，三角形，顶端钝，后突起粗，三棱状，中央弧形隆起，顶端尖而下弯或直。小盾片两侧外露。前翅黄褐色，半透明，翅脉粗，上被 2 列长刺毛，基部暗褐色，有刻点和毛。后翅白色透明。足的转节、腿节黑色，胫、附节锈褐色；后足转节内侧具齿。胸、腹黑色。雌成虫第 2 产卵瓣刀状，具齿部宽，仅有 3 个小齿，顶端尖。

分　布

广东。

荔蝽科 Pentatomidae

斑缘巨蝽
Eusthenes femoralis

形态特征

成虫体长 23~33 mm，棕褐色，具亮绿色金属光泽，密布细刻点。头小，三角形。触角基部 3 节呈深红褐色，第 4 节除基部外均为橘黄色。前胸背板前缘及小盾片侧缘亮绿色。足与体色相近。腹部背面紫红色，侧缘亮绿色。

分　布

我国广布。

荔枝蝽
Tessaratoma papillosa

形态特征

成虫体长 24~28 mm，盾形，黄褐色。胸部被白色蜡粉。触角 4 节，黑褐色。前胸向前下方倾斜；臭腺开口于后胸侧板近前方处。腹部背面红色。雌虫腹部第七节腹面中央有一纵缝而分成两片，通过这一特征可以鉴别雌雄。

分　布

广东、福建、台湾、广西、云南。

蛾蜡蝉科 FLatidae

碧蛾蜡蝉

Geisha distinctissima

形态特征

成虫体黄绿色，额顶短，向前略突，侧缘脊状褐色。额长大于宽，有中脊，侧缘脊状带褐色。喙粗短，伸至中足基节。唇基色略深。复眼黑褐色，单眼黄色。前胸背板短，前缘中部呈弧形前突达复眼前沿，后缘弧形凹入，背板上有 2 条褐色纵带；中胸背板长，上有 3 条平行纵脊及 2 条淡褐色纵带。腹部浅黄褐色，覆白粉。前翅宽阔，外缘平直，翅脉黄色，脉纹密布似网纹，红色细纹绕过顶角经外缘伸至后缘爪片末端。后翅灰白色，翅脉淡黄褐色。足胫节、跗节色略深。静息时，翅常纵叠成屋脊状。

分　布

广东、山东、江苏、上海、浙江、江西、湖南、福建、广西、海南、四川、贵州、云南等。

褐缘蛾蜡蝉
Salurnis marginella

形态特征

成虫体长 7 mm。头部黄赭色。触角深褐色，端节膨大。中胸背板发达，有红褐色纵带 4 条，其余部分为绿色。腹部侧扁灰黄绿色，覆盖有白色蜡粉。前翅绿色或黄绿色，边缘完整。

分　布

广东、安徽、江苏、浙江、重庆、四川、广西等。

蝉科 Cicadidae

黄点斑蝉
Gaeana maculate

形态特征

成虫体长 31~27 mm，翅展 88~106 mm；体黑色，被黑色绒毛，头部和尾部的绒毛较长。头冠宽于中胸背板基部，头顶复眼内侧有 1 对斑纹，后单眼间距小于到复眼间的距离；复眼灰褐色，较突出；后唇基发达，较突出，黑色，两侧有较浅的横脊，复眼腹面与后唇基之间有 1 个大斑纹；喙管黑色，达后足基节。前胸背板黑色，无斑纹；中胸背板有 4 个黄褐色斑纹，不同个体间斑纹形状及颜色有差异。中间 1 对较小，两侧 1 对较大。前、后翅不透明，前翅为黑褐色，基半部有 5 个黄色斑点，排成 2 列，端半部斑纹灰白色；后翅基半部斑纹黄白色且较大，端半部黑褐色。腹部黑色，第 8 节背板后缘黄褐色，尾节较细长；腹板黑色，下生殖板细长呈舟形。

分　布

广东、福建、湖南、广西、四川、云南、香港澳门等。缅甸、斯里兰卡、印度等。

黑翅红蝉
Huechys sanguinea

形态特征

成虫体长 15~25 mm，宽 5~7 mm。头部及胸部均呈黑色，唇基朱红色。头部两侧复眼大而突出；触角位于复眼间的前方。前胸背板前狭后宽，黑色；中胸背板黑色，左右两侧有 2 个大型斑块，呈朱红色。雄虫在后胸腹板两侧有鸣器。翅长而大，前翅黑色，后翅褐色，有光泽，翅脉黑褐色，明显。足 3 对，黑褐色，健壮。腹部血红色，基部黑色；雌虫有黑褐色的产卵管。

分　　布

广东、湖南、福建、台湾、广西、江西、四川、云南等。

沫蝉科 Cercopidae

黑斑丽沫蝉
Cosmoscarta dorsimacula

形态特征

成虫体长 15~17 mm。头部橘红色，颜面隆起，两侧有横沟。复眼黑褐色，单眼黄色。前胸背板橘黄至橘红色，近前缘有两个小黑点，后缘有两个近长方形的大黑点。前翅除月状区为黄褐至棕褐色外，其余部位为橘红或橘黄色（随羽化时间的早晚，红色深浅有变化），上有 7 个黑点；后翅灰白色，翅脉从内向外由橘黄至褐色。身体腹面橘红、中胸腹板黑色。

分　布

广东、江苏、江西、四川、贵州。印度、马来西亚等。

蜡蝉科 Fulgoridae

龙眼鸡
Pyrops candelaria

形态特征

成虫体长 37~42 mm，翅展 68~79 mm，体色艳丽。头额延伸如长鼻，额突背面红褐色，腹面黄色，散布许多白点。复眼大，暗褐色；单眼 1 对红色，位于复眼正下方。触角短，柄节圆柱形，梗节膨大如球，鞭节刚毛状，暗褐色。胸部红褐色，有零星小白点；前胸背板具中脊，中域有 2 个明显的凹斑；两侧前沿略呈黑色；中胸背板色较深，有 3 条纵脊。前翅绿色，外半部约有 14 个圆形黄斑，翅基部有 1 条黄赭色横带，近 1/3 处至中部有两条交叉的黄赭色横带，有时中断，这些圆斑和横带的边缘常围有白色蜡粉；后翅橙黄色，顶角黑褐色。足黄褐色，但前、中足的胫、跗节黑褐色。腹部背面橘黄色，腹面黑褐色，被有蜡质白粉，各节后缘为黄色狭带，腹末肛管黑褐色。

分　布

广东、广西、福建、台湾、海南、云南。

缘蝽科 Coreidae

点蜂缘蝽
Riptortus pedestris

形态特征

成虫体长 15~17 mm，宽 3.6~4.5 mm，个体狭长，黄褐至黑褐色，被白色细绒毛。头在复眼前部呈三角形，后部细缩如颈。触角第 1 节长于第 2 节，第 1、2、3 节端部稍膨大，基半部色淡，第 4 节基部距 1/4 处色淡。喙伸达中足基节间。头、胸部两侧的黄色光滑斑纹呈点斑状或消失。前胸背板及胸侧板具许多不规则的黑色颗粒，前胸背板前叶向前倾斜，前缘具领片，后缘有 2 个弯曲，侧角呈刺状。小盾片三角形。前翅膜片淡棕褐色，稍长于腹末。腹部侧接缘稍外露，黄黑相间。足与体同色，胫节中段色淡，后足腿节粗大，有黄斑，腹面具 4 个较长的刺和几个小齿，基部内侧无突起，后足胫节向背面弯曲。腹下散生许多不规则的小黑点。

分　布

浙江、江西、广西、四川、贵州、云南等。

长腹伪侎缘蝽
Pseudomictis distinctus

形态特征

成虫体长 28~31 mm，深栗色。头边缘、前胸背板侧缘、小盾片顶端、触角第 4 节基半部、各足胫节浅色。触角第 1 节黑色，第 2、3 节外侧色浅。喙超过中胸腹板中央。雄虫腹部腹面具显著的横皱纹，第 3 节两侧各具 1 个长刺，中央部分向后极度延伸，几达于第 5 节的后缘，第 4 节中部亦相应向后延长。后足股节粗大、中部弯曲，背面隆脊呈扩展状态，腹面端部内缘稍呈圆形扩展，其外缘具显著的锯齿；后足胫节背面扩张，端部较宽，顶端具疣状突起，腹面顶端 2/5 处具小型突起，突起前方具有颗粒，后方光滑，顶端具突起。雌虫第 2 节及第 3 腹板中部向后扩展。

分　布

广东、湖南、广西、云南等。

黑胫侎缘蝽
Mictis fuscipes

形态特征

成虫体长 27~30 mm，深棕褐色。触角第 4 节及各足跗节棕黄色。前胸背板中央有 1 条纵走浅刻纹，侧角稍扩展。腹部第 3 腹板后缘两侧各具一短刺突，第 3 腹板与第 4 腹板相交处中央形成分叉状巨突。

分　布

广东、湖南、浙江、江西、福建、广西、四川。

翩翅缘蝽
Notopteryx soror

形态特征

成虫喙几达于中足基节。前胸背板具细小刻点及粗糙皱纹，侧叶扩展并呈弧形向上翘起，前部稍向内曲。前翅不达腹部末端。后足股节稍粗，具有散状的不显著的瘤状突起；后足胫节背面显著扩展，扩展部分中央呈弧形凹陷，腹面近基部及端部稍扩展。腹部向两侧扩展，稍窄于前胸背板。腹部气门位于各节中央前方，第7腹板后缘稍向内弓。

分　布

广东、山东、湖南、广西等。

猎蝽科 Reduviidae

环斑猛猎蝽
Sphedanolestes impressicollis

形态特征

成虫体长 16~18 mm；体黑色光亮，具黄色或暗黄花斑，被淡色毛。头的腹面，两单眼的后方，喙第 1、2 两节，各足股节和股节具有 2~3 个淡色环斑；腹部腹面及侧接缘的端半部均为黄色或淡黄褐色。雄虫生殖节后缘中央突的前端呈叉状。本种色泽及色斑有变异，尤其是前胸背板色泽变化大，由淡黄至黑色；若干个体前胸背板后叶为暗黄色；头部及各足淡色斑变异不甚明显。

分　布

湖南、陕西、山东、江苏、浙江、湖北、江西等。

广翅目
Megaloptera

齿蛉科 Corydalidae

台湾斑鱼蛉
Neochauliodes formosanus

形态特征

雄虫头部橙黄色。复眼黑褐色；单眼淡黄色，其内缘黑色。触角黑褐色。口器淡黄色，但上颚末端暗红色，下颚须和下唇须端部 3 节黑褐色。前胸橙黄色，但背板两侧略深；中后胸淡黄色，但背板两侧具深褐色斑。足黑褐色，密被暗黄色短毛，爪红褐色。翅无色透明，具大量褐斑。前翅前缘域近基部具少量褐斑，翅痣短、淡黄色，其内侧具一较长的褐斑，其外侧有时具一褐斑；翅基部、中部及端部具大量小斑点，中部的斑有时略连接为横带状，其两侧的区域完全透明无斑；后翅与前翅斑型相似，但前缘域基半部几乎完全褐色，翅基部完全透明无斑，中部的斑完全愈合为一较宽并伸至肘脉的横带斑。脉淡黄色，但前缘横脉及褐斑中的脉褐色。腹部黑褐色，腹面色略浅，被暗黄色短毛；腹端第 10 背板侧视近方形，背端角钝圆并明显向后突伸；背视端半部球形膨大。第 10 腹板强骨化，腹视较宽，长约为宽的 2.5 倍，基缘近“V”形凹缺，近端部两侧略向外扩展，端缘微凹；侧视端半部明显膨大、近勺形，略向背上方弯曲。

雌虫腹端第 8 腹板侧视近梯形，端缘明显向后突伸；第 10 背板侧视近三角形；第 9 生殖基节膜质瓣状，近长方形，斜向背面突伸，末端平截。

分　布

广东、山东、青海、浙江、江西、湖南、重庆、云南、福建、台湾、广西、海南、香港。日本、朝鲜、韩国、越南。

脉翅目
Neuroptera

蝶角蛉科 Ascalaphidae

锯角蝶角蛉
Acheron longus

形态特征

成虫体长 35~45 mm，前翅翅展 33~40 mm，后翅翅展 29~35 mm。头部褐色多毛，额黄色。复眼具横沟。触角暗褐色，膨大部黑色，雄虫触角基部弯曲，有小锯齿约 10 个位于节端内侧，第 1 鞭节粗长，其齿也最粗大且在中部。胸部黑褐色具黄纹，后胸小盾片黄色。足黑色。翅色变化较大，但翅前缘包括 S_C 与 R_{12} 脉间均呈烟褐色，翅痣褐色，脉黑褐色；雄虫的前后翅多呈烟褐色或白色，雌虫前翅白色，后翅除翅尖外为烟褐色。雌虫腹部短于后翅，暗褐色，背面有 1 对黄色纵条；雄虫腹极细长，长于后翅，暗褐色，仅在节的基部具黄斑。

分　布

广东、云南、台湾。

鞘翅目
Coleoptera

叶甲科 Chrysomelidae

棕红厚缘肖叶甲
Aoria rufotestacea

形态特征

成虫体长方形；棕红或棕黄色，被淡黄色半竖毛。触角黑色，基部三节黑红或淡褐色，其中第 1 节部分黑色。足黑色或除腿节外大部分黑色。头和前胸颜色变异较大，具有两种色型：一种是头、胸与鞘翅同色，均为棕黄或棕红色；另一种是头、胸黑色，鞘翅棕黄或棕红色。头部刻点较大而深，头顶两侧呈皱纹状，在触角的基部有 1 个稍隆起的小光瘤；唇基前端向两侧展宽，前缘中部凹切，表面密布大而深的刻点。触角丝状，达体长的 2/3；第 1 节膨大，球形，第 3 节长于第 2 节约为第 4 节长的 2/3，4、5 两节约等长，末端五节稍粗。前胸圆柱形，长宽略相等，无侧边；盘区刻点大而深，相当密，有时在中部密集呈皱纹状；前缘平直，后缘隆起，中部稍向后凸出。小盾片长形，基部宽，端部狭，端圆平切或略圆。鞘翅基部明显宽于前胸，肩部隆起，基部圆隆，后面有 1 条横凹；盘区刻点较前胸的浅弱，成双行排列，有时邻近的刻点常汇合成 1 个较大的横宽的刻点；行距宽而较平。足粗壮，腿节无齿，后足胫节较前中足胫节长很多。

分　布

广东、辽宁、河北、陕西、江苏、浙江、湖北、四川、贵州。

龟甲科 Cassididae

阔边梳龟甲
Aspidomorpha dorsata

形态特征

成虫体长 8.2~12.2 mm。活体：头部全部被前胸背板遮盖，爪梳齿，敞边较宽阔，爪内外沿均具梳齿，鞘翅表面光洁，敞边无刻点且透明，盘区刻点细，爪梳齿两边等长或外面的稍短，鞘翅驼顶隆起，顶端呈角状突起，鞘翅敞边仅有基斑，前胸背板前缘中部近于平直，鞘翅敞边基斑整个深红色。标本可能褪色。

分　布

广东、云南、海南、广西。

甘薯台龟甲

Cassida circumdata

形态特征

成虫体长 4.2~5.6 mm，半圆球形，体背拱隆，黄绿至青绿色，具金属光泽。前胸背板、两鞘翅四周全向外延伸成“龟”状，延伸部分具网状纹，前胸背板后方中央有 2 条紧靠的黑斑纹，有的合并在一起。鞘翅背面隆起处边缘有一黑至黑褐色“V”形斑，中缝处有一纵纹，粗细不等，有的消失。触角 11 节，浅绿色，有的末端有 2~3 节黑褐色，向后伸过鞘翅肩角处。

分　布

广东、浙江、江苏、江西、福建、台湾、广西、湖北、湖南、四川、云南等。

瓢虫科Coccinellidae

柯氏素菌瓢虫
Illeis koebelei

形态特征

成虫卵圆形，稍扁平，黄色，背面光滑无毛。头黄白色，前胸背板黄白色，在其后缘中部两侧各有一圆形黑斑。小盾片和鞘翅黄色，鞘翅无斑纹。腹面中央黄褐色，雄虫第 6 腹板后缘中央内凹，雌虫第 6 腹板后缘凸出。阳基和弯管均细长。弯管简单，无纵沟，中部至末端前不肿大，端部之前直而不收窄，末端钝圆；阳基正面观中叶长矛状，长于侧叶。阳基侧面观中叶基部最厚，逐步向末端减薄，末端尖锐；侧叶基、端部等宽，弧形内弯，端半部具浓密的长毛。

分　布

广东、云南、四川、河北、山西、广西、福建、台湾。

二十星菌瓢虫

Psyllobora vigintimaculata

形态特征

成虫体长 2.4~3.2 mm，体背底色黄白色。头额黄白色，近后缘具黑色横斑。触角黄褐色，端部渐粗。前胸背板中央有 3 枚褐色斑，上 2 枚，下 1 枚在中间，斑纹周边具黄褐色分布，小盾片黑色。翅鞘斑纹杂乱，主要黑斑位于后缘近基部，是一枚“八”字形的斑纹但斑纹具个体差异较大。腹面及各足黄褐色。中胸黑褐色。

分　布

广东新记录种，我国可见于台湾。本种原产于北美。

马铃薯瓢虫
Henosepilachna vigintioctomaculata

形态特征

成虫体长 6 mm，半球形，黄褐色，体表密生黄色细毛。前胸背板上有 6 个黑点，中间的 2 个常连成 1 个横斑。

分　布

广东、黑龙江、内蒙古、台湾、海南、广西、云南、陕西、甘肃、四川、云南、西藏。

异色瓢虫
Harmonia axyridis

形态特征

成虫体长 5.4~8 mm，宽 3.8~5.2 mm；卵圆形，呈半球形拱起，背面光滑无毛。背面色泽斑纹变异甚大，大致有下列各种形式。头部由橙黄或橘红至全黑色；前胸背板在中线两侧共具两对黑斑，一对位于中线中央两侧，另一对位于中线近基部两侧，在中线与侧缘之间，或除上述斑点外，在中线中央近基部处具一长形黑斑，或各斑相互连接成“M”形，或“M”形斑的基部扩大，形成黑色近梯形的大斑，或基色为黑色，两肩角部分具浅色大斑；小盾片与鞘翅同色或黑色，如为浅色型，则黑色部分常扩大，在两侧鞘翅上形成小盾斑。

分　布

我国广布。

六斑月瓢虫
Cheilomenes sexmaculata

形态特征

成虫体长 4.5~6.6 mm，宽 4.0~5.3 mm；长圆形，背面半圆形隆起，表面光滑，黑色。头淡黄色，有时在前缘中部有 1 个三角形黑斑。复眼黑色，触角、口器褐色。前胸背板前角前缘淡黄色，前缘黄色条均宽，两前角处各有 1 个黄色大斑，斑向中、后方向斜伸，留下黑色呈“工”字形。小盾片黑色。

分　布

广东、四川、福建、云南。

红肩瓢虫
Harmonia dimidiata

形态特征

成虫体长 7~10 mm，宽 7~10 mm；橙黄至橘红色。前胸背板中线基部两侧各有一黑斑，两者彼此相连，小盾片黑色。红色型鞘翅后半部的黑斑相互融合，黑色部分占鞘翅的一半以上，仅留红色的肩部，有时肩部还有一小斑。鞘翅缘折近后胸处最宽。雌虫第 5 腹板后缘外突，第 6 腹板露出很少，后缘圆弧形突出。

分　布

我国南方地区广布。

步甲科 Carabidae

东方盖步甲
Galerita orientalis

形态特征

有两种色型，第一种头部红色，胸部黑色；第二种胸部黑色，头红色。鞘翅均为黑色。腿节大部分为黄或橙色，末端及胫节、跗节为黑色。

分　布

广布于亚洲东部、南部。

四角青步甲
Chlaenius tetragonoderus

形态特征

成虫体长约 16 mm 。头部、前胸背板深绿色，具光泽，前胸背板两侧缘赤褐色。鞘翅黑色，微带绿色光泽。触角、上唇、颚须、唇须及足赤褐色，上颚黑褐色，腹面棕褐色。头部额和唇基表面平整，刻点稀少，头顶刻点较多。复眼黑褐色，突出。触角 11 节，第 1、2 节光滑，毛少，第 3 节以后被密毛，第 2 节很短，约为第 3 节的 1/3，唇须和颚须末节端部圆钝。前胸背板横宽，宽约为长的 1.3 倍，最宽处在中部，上具稀刻点。

分　布

山东、辽宁、河北、河南、陕西、青海、四川、江苏、湖北、江西、湖南、福建、广西。

金斑虎甲
Cicindela aurulenta

形态特征

成虫体狭长，中等大小；常具金属光泽。头大，复眼突出。唇基较触角基部为宽。触角丝状，11 节。鞘翅深蓝绿色，每一鞘翅上有 4 个明显的白斑，其中 1 个位于翅的基部外侧。腹部雌虫可见 6 节，雄虫 7 节，前足第 1~3 跗节具毛，可区别于雌虫。

分　　布

广东、江苏、浙江、江西、福建、台湾、广西、四川、贵州、云南。

台湾树栖虎甲
Collyris formosana

形态特征

成虫体狭长，约 11 mm。前胸细长，基部宽于端部，瓶状；前胸背板有明显的横皱纹。鞘翅两侧平行，端部稍宽，后侧角圆形，中部常具 1 个棕红色横斑（有时不明显）。

分　布

广东、浙江、湖北、江西、福建、湖南、重庆、四川等。

丽七齿虎甲
Heptodonta pulchella

形态特征

成虫体长 15~17 mm，橄榄绿色。上唇大，淡棕黄色，前缘具 7 齿。触角黑褐色，基节具金属光泽。头具细皱纹，额在复眼之间稍凹下。前胸背板略呈方形，两侧圆，基部之前稍收狭；盘区有 1 条中央纵纹，盘区前后方呈三角形凹下，中部呈 2 块圆形隆起，刻点细密，两侧光亮。小盾片较大。鞘翅肩部明显隆起；两侧边缘平行，末端之前向后斜切，缝角各具一齿；盘区大部分隆起，端部低凹，刻点细小，分布均匀。

分　布

广东、福建、云南。

萤科 Lampyridae

黄宽缘萤
Asymmetricata circumdata

形态特征

雄萤成虫体长 1.2 cm。头黑色，无法完全缩进前胸背板。触角黑色，丝状，11 节。复眼发达。前胸背板橙黄色，后缘角圆滑。鞘翅黑色，边缘橙黄色。胸部腹面橙黄色，各足除胫节及跗节黑色外，均为橙黄色。腹部第 2~5 节黑褐色。发光器两节，乳白色，带状，位于第 6 及 7 腹节。第 8 节背板末端微凹且非对称。雌萤成虫体长 1.5 cm。体色与雄萤相同。发光器一节，乳白色，带状，位于第 6 腹节。

分　布

广东、香港、湖南、海南、重庆、江西、云南、广西、贵州等。

隐翅虫科 Staphylinidae

梭毒隐翅虫

Paederus fuscipes

形态特征

成虫体长 6.5~8 mm。前胸背板平，两侧近乎平行，后缘边明显可见，与头部宽度相等，但明显窄于鞘翅，腹部第 1 腹板具脊。触角细长。头部、腹部末端两节均为黑色，胸部及腹部第 1~4 可见节红色，鞘翅蓝色。上颚黄色，下颚须第 3 节的末端多为黑色。足褐黄色，跗节、腿节的一部分，前足腿节端部和中后足腿节的端部近乎一半，以及小盾片均为黑色。

分　布

我国广布。

伪瓢虫科 Endomychidae

四斑原伪瓢虫赤足亚种
Eumorphus quadriguttatus pulchripes

形态特征

成虫前胸背板长是宽的 0.6 倍。鞘翅长是前胸背板的 3.2 倍，是自身宽的 1.3~1.4 倍。与指名亚种主要不同点是前足腿节端半部和中、后足端部 1/3 为血红色，雄虫腹部附毛有减少趋势，仅第 4 节有毛簇。

分　　布

我国秦岭淮河线以南广布。亚洲南部。

金龟科 Scarabaeidae

华褐栗金龟
Miridiba sinensis

形态特征

成虫体长 18~19 mm，初羽化时淡黄褐色，渐变成茶褐色。头部和前胸背板颜色较深，头部前缘略上翘，触角 10 节鳃片状，短小，前胸背板侧缘强烈扩展呈角状。鞘翅背面稍平坦，散生许多小刻点，每个翅上有 4 条纵带。腹端外露，胸部腹面有黄色长毛。足深褐色，有光泽，足 3 对，各足的爪均有齿。

分　布

华东、华南区地及台湾。

黑斑小绢金龟
Microserica avicula

形态特征

成虫体长约 5 mm。胸腹黄色，足与胸腹同色。头棕褐色。胸部有 2 个对称的斧状色斑。左右鞘翅各有 7 条纵向的脊状隆起，脊与脊之间有由刻点排列成的纵向条带，两鞘翅近基部处各有 3 个黑色色斑，鞘翅前缘有一棕褐色色带，近色带处与鞘翅右缘各有一黑斑。

分　布

广东。

褐腹异丽金龟

Anomala russiventris

形态特征

成虫体长约 20 mm。触角为鳃片状。身体正面为浅绿色并带有强烈的金属光泽，密布小刻点。足在正面的颜色介于红色与绿色之间，随着角度的不同可能呈现不同的颜色。腹面棕褐色，同样具有强烈的金属光泽。前足胫节、中足腿节以及腹部生有黄色绒毛，易与近缘种区分。

分　布

华南地区广布。

黑跗异丽金龟
Anomala nigripes

形态特征

成虫体长约 20 mm，象牙白色。鞘翅半透明，因后翅与腹部的颜色略呈黑色，有光泽。足与身体同色，跗节及胫节末端为黑色，死后虫体变色。

分　布

广东、福建、浙江。

光背蔗犀金龟
Alissonotum pauper

形态特征

成虫体长 14~15 mm，黑色，有时栗色，有光泽。唇基略呈梯形，前缘较阔，有 1 对远离的齿突，额唇基缝中段有 1 对较矮的乳状突。前胸背板光亮，仅前、后侧有微弱的点刻，无凸起。

分　布

华南地区。越南、菲律宾。

橡胶木犀金龟
Xylotrupes gideon

形态特征

雌雄异型，雄虫显著大于雌虫，长椭圆形。体红棕至黑褐色。鞘翅颜色常略浅，极光亮。头较小，唇基短小，前缘有 2 齿形突起。前足胫节上侧有侧刺 3 个，中足、后足胫节外侧有 4 个刺突。

分　　布

广东、广西、海南、云南等。

大绿异丽金龟
Anomala virens

形态特征

成虫前胸背板刻点细密；侧缘中部均匀弯突，后角圆；后缘沟线中部宽断。鞘翅刻点细而颇密，背面刻点排列成行隐约可辨；后角边缘片状略扩宽。臀板布浓密细横刻纹。腹部基部2节侧缘角状。

分　布

广东、陕西、山东、河南、湖北、浙江、江西、湖南、福建、海南、广西、四川、贵州、云南。

歪鳃金龟
Cyphochilus sp.

形态特征

成虫体长 15 mm，体表被有密集的白色鳞毛，因而呈白色，鳞毛下部体色为黑色，六足均为橙黄色。鞘翅上有两不明显纵脊。前胸背板近头部处收窄较为急促。唇基为平缓的弧形。

分　布

长江流域以南多见。

索鳃金龟
Sophrops sp.

形态特征

成虫体长 25~30 mm，棕黑色，足的颜色与体色相同。触角鳃片状。体表密布大小不一的刻点，刻点不形成明显的条带。前胸背板近长方形，宽于头部。

分　布

我国广布。日本、韩国及南亚与东南亚。

脊纹异丽金龟
Anomala viridicostata

形态特征

成虫体长 14.5~18 mm。各足胫跗节红色（后足的色深），腹部红褐色，有时各腹节基黑褐色，两侧和端部浅黄褐色；有时鞘翅墨绿色，在第 3、5、7 窄行距中部各具 1 浅黄斑，最外侧斑长形。唇基前缘近直，上卷颇强，皱褶细。前胸背板横刻点粗密；侧缘中部弯突，后角钝角或略大于直角；无后缘沟线。鞘翅布浓密粗刻点和横刻纹，刻点沟行深，单数行距圆脊状隆起；侧缘具颇宽平边。臀板密布粗横刻纹。

分　　布

广东、浙江、湖北、江西、福建、广西、四川、贵州。

墨绿彩丽金龟

Mimela splendens

形态特征

成虫体长 15~21.5 mm。墨绿色，有强烈金绿色金属光泽；有时前胸背板和小盾片泛蓝黑色泽或鞘翅泛弱紫红色泽；偶有背面前半深红褐色，鞘翅和臀板黑褐色，胸部腹面和股胫节红褐色，腹部和跗节深红褐色。体宽椭圆形，通常后部较宽。体背甚光滑，布细微刻点。唇基前缘直，上卷颇强，皱点浅细。前胸背板布颇密细微刻点；中纵沟深显；侧缘匀弯突，后角近直角有时钝角，后缘沟线完整。鞘翅细微刻点行略可辨认。侧缘前半部具发达平边，臀板布不密细小刻点。

分　布

广东、河北、陕西、山东、安徽、浙江、湖北、江西、湖南、福建、台湾、广西、四川、贵州、云南及东北地区。

绿脊异丽金龟
Anomala aulax

形态特征

成虫体长 12~18 mm。体背草绿色，带强金属光泽，唇基、前胸背板宽侧边、鞘翅侧边和端缘（有时不太明晰），臀板端半部（基半部通常暗或黑褐色，有时成 2 黑褐色斑）、胸部腹面和各足股节浅黄褐或浅红褐色，腹部和胫跗节红褐或浅红褐色，后足胫跗节色较。唇基梯形，边缘上卷不强，皱褶粗。前胸背板布浓密而深略横刻点；中纵沟深显而长；侧缘中部弯突，后角钝；后缘沟线中断。鞘翅匀布浓密刻点和横刻纹；沟行深，行距圆角状强隆；侧缘具窄平边。臀板布浓密粗横刻纹。

分　布

广东、安徽、浙江、湖北、江西、湖南、福建、台湾、海南、广西、四川、贵州、云南。

海丽花金龟
Euselates schonfeldti

形态特征

成虫体长约 25 mm，体黑色，触角鳃片状。鞘翅为黑色与赭红色相间，两侧各有 5 个黄色斑，以鞘翅缝为对称轴呈轴对称。头部具两条黄色带，前胸背板具四条，小盾片上有近“Y”形的黄色细纵条。

分　布

广东、广西、台湾等。

暗蓝异花金龟

Thaumastopeus nigritus

形态特征

成虫体长约 30 mm，体色为有光泽的深蓝色，在强光下会呈紫色或黑色。触角鳃片状。唇基向内强烈凹陷，呈“V”字形，肩后外缘几乎不弯曲。中胸腹突细长，两侧强烈变窄。

分　布

广东、广西、云南。

绿奇花金龟
Agestrata orichalca

形态特征

成虫体扁平，体背光亮。唇基至头部、前胸背板，小盾片和鞘翅均为墨绿色。臀板、腹面各部分和足为橙红色。唇基长大，近长方形，两侧具平行边框，前缘中凹宽弧形，前角尖刺状。前胸背板后缘中段延伸呈舌状，覆盖部分小盾片。鞘翅长大，两侧几乎平行，后外端缘圆弧形，缝角稍突出。臀板短宽，具横向皱纹。中胸腹突小。

分　布

广东、广西、云南。

露尾甲科 Nitidulidae

烂果露尾甲
Phenolia picta

形态特征

成虫体型小，体色为棕黑色。触角锤状。腹部末端常暴露于鞘翅外。

分　布

我国广布。日本、韩国、泰国及欧洲。

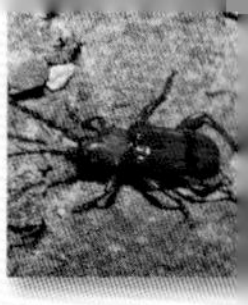

锹甲科 Lucanidae

华新锹甲
Neolucanus sinicus

形态特征

雄成虫最大体长约 39.3 mm。体表体色暗淡没有光泽，鞘翅为黑色且无明显的色斑条纹色。前胸背板微凸。

分　布

主要分布于我国长江以南地区，包括上海、浙江、安徽、福建等。

黄纹锯锹甲

Prosopocoilus biplagiatus

形态特征

雄成虫体长 18.2~50 mm，大颚较短，端部较细目略弯曲，眼后缘有三角形突出目上边缘呈锯齿状，头部后方左右两侧有褐色斑纹；鞘翅中央有“Y”字形黑色斑纹，鞘翅边缘同样有褐色条纹，前胸背板和鞘翅有明显的光泽。雌虫鞘翅边缘同样有黑色条纹，但鞘翅的黑色斑纹整体呈“V”字形。

分　　布

广东、香港、广西、云南、西藏等。

中华角葫芦锹
Nigidius sinicus

形态特征

成虫体长 13.7~18.5 mm。中华角葫芦锹和路易角葫芦锹近似，前者雄虫眼眦后角处的突起仅略长于眼眦前角处的突起，前胸背板前角处的耳片位置偏前方，在侧向较窄，内侧和前胸背板界线呈凹曲状。

分　布

广东、海南、广西、福建、香港等。

拟步甲科 Tenebrionidae

侧郁拟步甲
Eutochia lateralis

形态特征

成虫体型小，体色为黑色，有光泽。足与体色同。鞘翅两侧有不明显暗红色条带。

分　布

广东、湖南。

基股树甲
Strongylium basifemoratum

形态特征

成虫体色为墨绿色，有金属光泽。足细长与身体同色。鞘翅密布刻点。

分　　布

广东、安徽。

尖角斑舌甲
Derispia titschacki

形态特征

雄成虫：体卵圆形，棕黑色，有光泽。头和前胸背板两侧色浅，鞘翅布棕黄色斑（若体表为黑色，则斑为暗红色）。上唇前缘半圆形弯曲；唇基平，前缘直；额平，额唇基沟细浅，眼间额宽，大于触角长的1/2；颊弱隆，弧状向前收缩；触角棕黄色，端部色深，第2节圆柱状，第4节宽于第3节，约与第5节等宽，第11节卵圆形。下颚须端节刀形，背腹面凸起。前胸背板梯形，横向隆起，两侧陡降，宽约为长的2.6倍，前缘宽凹，侧缘由基部向前弧状收缩，具上翘细饰边，由基部延伸至前缘两侧。前角钝圆，后角大于直角，尖。小盾片尖三角形。前胸腹突弱凹。中胸腹突平。足棕黄色，各足跗节下侧三角形片状弱突，除端部两节外，被黄色柔毛。

分　布

广东、浙江。

天牛科 Cerambycidae

中华姬天牛
Ceresium sinicum

形态特征

成虫中小型，体背面褐至黑褐色。前胸背板颜色较深，上下两侧各有 1 枚不明显的黄斑，前胸背板宽窄于翅鞘。翅鞘褐色密生刻点及短毛。各足及触角颜色与体色同。

分　布

广东、江苏、香港、台湾、山东。

桔根接眼天牛
Priotyrranus closteroides

形态特征

成虫体长 22~38 mm，宽 8~14 mm。体扁宽，雌虫较大。体色红棕至深褐色，足与腹部赤褐色。头部短阔，向前突出，大颚短而坚固，相互交叉，刻点粗密；下颚须较长；两眼暗色，占头部大部分，在背面几乎结合；触角基瘤稍隆起；额与后头刻点粗大，中央具一深纵沟。触角 11 节，雄虫约与体等长，粗大，第 1、2 节密布刻点与绒毛，第 3 节比第 4 节稍长，自第 3 至末节有纵脊，内外端角尖锐呈狭锯齿状；雌虫仅超过鞘翅中部，较细小，第 1 节粗大，自第 6 至末节有纵脊纹。前胸短阔粗糙，中间隆起，两侧略凹，前缘切直，后缘波状，前后缘各有排列整齐的棕色毛，侧缘各具 2 齿，中齿发达，较长较尖，后角短齿状；中域刻点粗密而深，雌虫微现 3 个瘤状突起，前 2 后 1，呈三角形排列，尤以后者为显。小盾片末端锐圆形，密被毛体状刻点，色暗。胸部腹面棕色毛较长。鞘翅基部宽，端部狭；雌虫基部刻点与皱纹粗密而深，其余部分细小；雌虫内缘末端具小齿状突起，外缘末端圆形；雄虫翅表密被棕色毛；翅之周缘微向上反。腹部绒毛少，雌虫腹板后缘有一横浅沟，刻点细小。第 1 跗节与第 2、3 节之和等长。

分　布

广东、江苏、福建、海南、广西、台湾、香港。越南。

长角凿点天牛
Stromatium longicorne

形态特征

成虫体色褐色，密布黄褐色短毛。翅鞘上散布着小突起。雄虫头部及前胸较大，触角较长，前胸腹侧方有一灰白色大斑；雌虫腹端稍有外露部分，并常将藏卵器外伸。头顶凹下，正中有纵走沟纹一道；复眼大，略呈肾形；触角颜色与体色相同，雄虫触角长度约为体长 2 倍，雌虫则与体同长。前胸略呈扁圆形，布满粗大刻点，背方中线有一脊状隆起，其两侧各有两个大的圆形隆起。足长，颜色较翅鞘为深而近于黑色，胫节颜色近黄褐色，跗节颜色略比胫节加深。翅鞘形宽长，背方布有颗粒状粗大刻点，刻点间满被黄褐色短毛，肩部圆突。腹节 5 节，每腹板后缘颜色加深而有光亮。

分　布

我国广布。印度、泰国、马来西亚、日本、菲律宾及非洲等。

短足筒天牛
Oberea ferruginea

形态特征

成虫体长 18~25 mm，黄褐至暗褐色。头、前胸黄褐色。触角黑色。鞘翅黄褐至暗褐色，通常基部较淡色。胸部腹面黄褐色。腹部第 1 节和第 2 节前半部密被银灰色丝光绒毛，非常亮眼，第 2 节其余部分密被黑色绒毛。腹部第 3~5 节被黄褐至褐色绒毛。基部中央及末节端部大半暗褐色。足大部分黄褐色，但各足跗节暗褐色。触角细长，长于体长，柄节较粗，短于第 3 节，第 3 节长于第 4 节。鞘翅略宽于前胸，两侧中部较狭窄。

分　布

广东、广西、云南。

红艳天牛
Dicelosternus corallinus

形态特征

成虫体长 19~27 mm，红色，有光泽。鞘翅中后方具有黑色横纹。足部及触角关节处为黑色。

分　布

广东、江西、湖南、福建、台湾、贵州。

橘光绿天牛
Chelidonium argentatum

形态特征

成虫体长 24~27 mm，宽 6~8 mm，墨绿色，有光泽。触角和足为深蓝色至黑紫色。头部、鞘翅、触角的柄节和足的腿节上均布满细密的刻点。触角长度大于体长，前胸长和宽约相等。雄虫腹部腹面可见 6 节，第 6 节后缘凹陷；雌虫腹部腹面只见 5 节，第 5 节后缘拱凸为圆形。

分　布

广东、广西、四川、江苏、安徽等。

华星天牛
Anoplophora chinensis

形态特征

雌成虫体长 36~45 mm，宽 11~14 mm，触角超出身体 1、2 节；雄成虫体长 28~37 mm，宽 8~12 mm，触角超身体 4、5 节。体黑色，具金属光泽。头部和身体腹面被银白色和部分蓝灰色细毛，但不形成斑纹。触角第 1~2 节黑色，其余各节基部 1/3 处有淡蓝色毛环，其余部分黑色。前胸背板中溜明显，两侧具尖锐粗大的侧刺突。鞘翅基部密布黑色小颗粒，每鞘翅具大小白斑 15~20 个，排成 5 横行，变异很大。

分　布

吉林、辽宁、安徽、江西、云南、台湾等。

叩甲科 Elateridae

丽叩甲
Campsosternus auratus

形态特征

成虫体色大多蓝绿色。前胸背板和鞘翅周缘具有金色和紫铜色闪光。触角和跗节黑色，爪暗栗色。头宽，额向前呈三角形凹陷，两侧高凸，凹陷内刻点粗密，向后渐疏。

分　布

广东、台湾、湖南、福建等。

双翅目
Diptera

蚊科 Culicidae

华丽巨蚊
Toxorhynchites splendens

形态特征

成虫体长约 35 mm，腹部有银蓝色和黄色间纹，颜色鲜艳。雄蚊喙部演化成长钩状，羽毛状触角。

分　布

广东、安徽、海南、广西、贵州、云南、香港。

鳞翅目

Lepidoptera

蛱蝶科 Nymphalidae

斐豹蛱蝶
Argynnis hyperbius

形态特征

成虫翅背面底色呈橙黄色，有数列鲜明黑色斑点。前后翅中室端有黑褐色短条纹，前翅中室内另有数道黑褐色短线纹。后翅沿外缘有鲜明黑色纹。前翅腹面底色色调较浅，色彩及斑纹与翅背面相似；前翅腹面翅端处的斑纹斑驳，呈橄榄色、银白色与黄色，后翅则除了上述斑纹外，尚有黑色细线纹。缘毛黄白色或白色，翅脉端呈黑褐色。前翅形状近似三角形，翅端突出，前缘略作弧形。后翅接近扇形，外缘呈波浪状。雄雌异型，雌蝶前翅背面于翅端有紫黑色纹及白斑，雄蝶则无此等斑纹。

分　布

除黑龙江、吉林、内蒙古外，几乎全国各地均有分布。

白带螯蛱蝶
Charaxes bernardus

形态特征

成虫翅正面红棕或黄褐色，反面棕褐色。雄蝶前翅有很宽的黑色外缘带，中区有白色横带；后翅亚外缘有黑带，自前缘向后逐渐变窄，M_3 脉突出成齿状；反面前翅中室内有 3 条短黑线，后翅在 1 列小白点的外侧有小黑点，斑纹同正面，但颜色浅。雌蝶前翅正面白色宽带伸到近前缘，外侧多 1 列白色点；后翅中域前半部分也有白色宽带，黑色宽带内有白点列，M_3 脉突出成棒状。翅反面中线内侧有许多细黑线。本种色彩及斑纹多变化，尤其是雌蝶。

分　布

主要分布在我国南方地区。

网丝蛱蝶
Cyrestis thyodamas

形态特征

成虫翅展约 45~55 mm。翅呈白色或淡黄色，脉纹清晰，两翅不少条纹从前翅前缘横穿后翅，直达臂缘，这些条纹与翅脉相交形成网纹；整个翅上的线条和斑纹为黑褐与赭或黄色等混合而形成。前翅顶角较为尖锐，后角有 1 个赭色混合绿黄色，形似花束的斑，后翅臂角有 2 个似前翅后角的花纹。

分　布

广东、四川、西藏、云南、浙江、江西、广西、海南、台湾等。

尖翅翠蛱蝶
Euthalia phemius

形态特征

雌雄异型。雄蝶翅黑色，前翅顶与后翅臀角尖锐，正面中室外侧有白色细线组成的“Y”形纹、后翅有1个大的蓝色三角形臀斑。雌蝶体型大于雄蝶，翅角不尖，前翅从前缘至外缘近臀角有1个白斑组成的斜带，末端尖锐；第二室的白斑外缘有深缺刻，后翅没有蓝色臀斑。

分　布

广东、云南、广西。

美眼蛱蝶
Junonia almana

形态特征

成虫翅橙红色，前后翅外缘各有 3 条黑褐色波状线，翅面各有 2 个眼斑，前翅眼斑上小下大，后翅眼斑上大下小。前翅前缘褐色，有 4 个肾形斑，其中基部肾形斑中空，端部一肾形斑与小眼斑相连。

本种翅形及翅反面颜色、斑纹因季节而异。夏型（春型、湿季型、高温型）：翅缘较整齐，翅反面眼状斑明显；秋型（冬型、旱季、低温型）：前翅外缘和后翅臀角有角状突，翅反面呈枯叶状，眼状斑不明显，后翅中线明显。

分　布

除西北外，我国各地均有分布。

蛇眼蛱蝶
Junonia lemonias

形态特征

成虫翅正面呈褐色，前翅中室及外半部有黄白色斑纹，前翅 Cu_1 室及后翅 M_1 到 Cu_1 各室有眼纹，其形态为最内圈有一白点，外围黑色围以橘黄色环，两翅亚缘有橘色新月纹斑列。夏型翅反面黄褐色，后翅眼纹明显；秋型翅反面微带红色或褐色，伴有散生的杂色斑块，后翅眼纹不明显，形似枯叶。

分　布

广东、海南、广西、云南、台湾、香港等。

琉璃蛱蝶
Kaniska canace

形态特征

成虫翅黑色，在亚外缘有一蓝紫色宽带纵贯前后翅，此带在前翅端分断为两点，呈“Y”形，后翅有1列黑点。外横线至亚外缘间翅色较淡；雌雄色彩斑纹相似，但翅表蓝色带点宽圆，翅型较大，翅之腹面横脉外缘的白色斑点亦大。前翅外缘 M_1 脉及 Cu_2 脉脉端均突出呈角状，两角间外缘凹入，呈波状圆弧形，后缘端半部凹入；亚顶端部有1个外斜的白斑。后翅外缘 M_3 脉端突出成齿状。翅反面褐色，基区、中区、亚缘区均有黑褐色宽带贯穿两翅。两翅密布有蓝色波状细纹，中室内均有1个小白点，在前翅极小。

分　布

广东、浙江、江苏、福建、湖南、四川、陕西。朝鲜、日本、印度、阿富汗、缅甸、泰国、越南、马来西亚、印度尼西亚、菲律宾。

穆蛱蝶
Moduza procris

形态特征

成虫翅正面红褐色，有白斑组成的宽中带横贯两翅，且中带两侧有黑边，前翅白斑在 M_2 室极小，使宽带中断，后翅中带外侧有 1 列黑点；翅外缘波状，外缘线及亚外缘线呈黑色，亚缘线内侧有 1 列“V”形黑纹。翅反面基部底色淡蓝色，花纹与正面相同。

分　布

广东、海南、广西、云南。缅甸、越南、泰国、印度、 斯里兰卡、菲律宾、马来西亚、印度尼西亚。

散纹盛蛱蝶
Symbrenthia lilaea

形态特征

成虫翅黑褐色，有橙色斑纹。前翅中室条与侧室条愈合，同时有多条裂纹。上外带中断，下外带时而呈现中断分离样，顶角处有斜斑。后翅外缘有 1 条明显细线，M_3 脉端有齿状外突。翅反面呈橙黄色，其上花纹为褐色波状线，前翅前缘 1/3 处有 1 条细线与自亚顶端部斜向后缘的粗线以“V”形相交，后翅前缘中央有分别向后缘延伸的两条线，一粗一细，并以倒“V”形相交，两翅展开时相交的横线呈“X”形；后翅外缘有蓝灰色齿状突。

分　布

广东、广西、台湾。

环蝶科 Amathusiidae

凤眼方环蝶
Discophora sondaica

形态特征

雄蝶翅面黑褐色，前翅有 1 列凤眼状白色斑；其中有 1 个黑色眼点；后翅无斑，中域有香鳞区。翅反面浅棕色，其半部色较深；后翅有 2 个小眼斑。雌蝶翅色浅，前后翅均有 2 列色斑，内列白色，外列为橙黄色，凤眼状，如雄蝶，后翅外缘在 M_3 脉端部突出。

分　布

广东、台湾。

串珠环蝶
Faunis eumeus

形态特征

成虫翅展 70 mm，体、翅棕褐色，翅缘圆弧状。前翅外端色浅，呈黄色。后翅正面中部有不明显的圆斑点 1 列。翅反面有 3 条前后翅贯穿的褐纹和 1 列贯穿的黄色珠状斑纹。颜色多为黄褐或灰褐色，色彩多数暗而不鲜艳。

分　布

广东、云南、海南。南亚、东南亚、东亚。

斑蝶科 Danaidae

虎斑蝶
Danaus genutia

形态特征

成虫翅展 70~80 mm，翅腹面鲜橙色，翅脉和翅边缘黑色，边缘上有两行小白点。前翅端黑褐色，内有 1 条由 5 个相邻的白色棒状白斑组成的白色斜带，附近有几个小白点，外缘有 2 列小白点。后翅外缘内有 2 列白色小点，内侧有时不明显。雄蝶的后翅有椭圆形香鳞袋。

分　布

广东、广西、台湾、海南、四川、香港、云南等。

蓝点紫斑蝶
Euploea midamus

形态特征

雄蝶翅面黑褐色，前翅中央有紫色光泽，中域有蓝紫色斑，其中 1 个在中室端部，外缘和亚外缘有 1 列白点和白斑，白点在近端部不明显，前缘中部有 1 个小白点，后缘凸出呈弧状，Cu_2 室有 1 个长形烙印形性标（长度超过中室宽度）；后翅暗褐色，中部有蓝紫色光泽，前缘白色，外缘和亚外缘各有 1 列白点和斑，在中室内和中室上为灰白色区，且有光泽；翅反面褐色。雌蝶前翅后缘直；雄蝶后翅中室附近有灰白色卵形性标。

分　布

广东、浙江、广西、海南、云南。越南、锡金、尼泊尔、缅甸、泰国、菲律宾等。

灰蝶科 Lycaenidae

德拉彩灰蝶
Heliophorus delacouri

形态特征

雌雄二型，翅底主要为黄色，后翅后缘具一红色斑带。雄性前翅的翅面具蓝紫色金属光泽；雌性前翅棕黑色无光泽，具一橘红色斑。

分　布

华南、西南地区。老挝、越南。

粉蝶科 Pieridae

迁粉蝶
Catopsilia pomona

形态特征

根据翅反面银斑的有无，可分为有纹型和无纹型两大类。有纹型雌蝶体长 20~22 mm，翅展 55~58 mm；雄蝶体长 24~26 mm，翅展 66~72 mm；前翅反面中室端有 1 个眼斑，后翅反面中室端有 2 个眼斑。无纹型翅反面无眼斑；触角黑色；雌、雄体均小于有纹型。两型成蝶胸部均黑色，覆盖灰黄色毛。雄蝶翅基半部黄色，端半部白色，前翅顶角翅缘为黑色，反面后缘基半部有 1 列黄色长毛；后翅正面中室基上部有 1 个月牙形黄白色斑。雌蝶翅黄色或仅基半部黄色；前翅前缘和外缘呈黑带或黑锯齿状带；有的亚外缘部有 1 列黑斑，中室端有 1 个黑色圆斑；后翅外缘有 1 列黑斑或呈黑带状。

分　布

广东、福建、海南、广西、云南、台湾。

青园粉蝶
Cepora nadina

形态特征

成虫前翅正面青白色，顶角和前后翅的外缘黑色，其内侧呈齿状突出。翅反面前翅的中室和下半部，后翅的中室及中室外室白色，其余大部均为黄褐色。雌蝶翅面除中心为白色外，余为棕色或黄褐色。翅反面类似正面。

分　布

广东、四川、广西、云南、海南、台湾。尼泊尔、越南、柬埔寨、泰国。

报喜斑粉蝶
Delias pasithoe

形态特征

雄成虫体长 20~27 mm，翅展 48~76 mm。头、胸部黑色，被灰色毛。复眼茶褐色。触角黑褐色，腹部背面灰黑色，侧面腹节上有灰白色鳞片，腹面灰白色。翅黑色，前、后翅各有白色近圆形或三角形小横脉斑 1 个。前翅近外缘有 7~8 个大小不等的灰白色戟形斑，尖端向内排列。后翅反面的黄斑均为鲜黄色。

分　布

广东、福建、广西、海南、云南、台湾。

宽边黄粉蝶
Eurema hecabe

形态特征

雌成虫体长 13.6~18.6 mm，翅展 36.2~51.6 mm。雄成虫体长 12.5~17.6 mm，翅展 35.5~49.2 mm。触角短，棒状部黑色。翅深黄色到黄白色。前翅前缘黑色，外缘有宽的黑色带，从前缘直到后角，其内侧在 M_3 脉与 Cu_1 脉处向外呈指状凹入。雄蝶色深，中室下脉两侧有长形性斑。后翅外缘黑带窄而界限模糊，或仅有脉端斑点。前翅反面满布褐色小点，前翅中室内有 2 个斑，中室的端脉上有 1 个肾形斑。后翅反面有分散的小点，中室端有 1 枚肾形纹，外缘因 M_3 室略突出而呈不规则圆弧形。

分　布

我国广布。

橙粉蝶

Ixias pyrene

形态特征

翅展 50~60 mm，腹部背面黑色，腹面黄色。雄蝶翅正面橙黄色，前后翅外缘及前翅前缘的上半部都有黑色边，前翅中域到亚顶角处有一大型的橙黄色斜斑，其上有 1 个黑色中室端脉斑，在橙黄色斑内侧镶有黑色粗条纹，前、后翅基部散生黑色鳞片；翅反面淡黄色，散生黑褐色斑点和细条纹，前、后翅均有中室端脉斑，前翅中室下方颜色非常浅，臀角处有深浅和大小都不一的黑斑。雌蝶翅正面浅黄色或白色，前翅亚顶角斑较窄，成带状，颜色与翅面相同，此斑在 M_3 和 Cu_1 室显著加长，并且在这两翅室的斑上各有 1 个黑色圆点，后翅外缘的黑色边较雄蝶宽，有时延伸到整个后翅；翅反面的深褐色斑较大，常在前后翅亚外缘形成一排斑列。

分　布

广东、海南、广西、云南、福建、台湾、江西。不丹、尼泊尔、印度、缅甸、越南、马来西亚、印度尼西亚、菲律宾等。

菜粉蝶
Pieris rapae

形态特征

成虫体长 15~19 mm，翅展 35~55 mm。雄蝶粉白色，头大，额区密被白色及灰黑色长毛。眼大，圆凸，裸出，赭褐色。下唇须较头长，向前伸，腹面密被长毛，基部白色，端部黑色。触角较前翅中室略短，背面黑褐色，两侧各有 1 条由白鳞组成的纵线纹，断续呈竹节状，腹面及锤节末端浓橙色。胸背部底色深黑色，布满灰白色长绒毛。胸足底色黄褐色，密被白鳞，侧背面有黑纵线 1 条。前翅长三角形；翅面白色，近基部散布黑色鳞片；顶角区有 1 枚三角形的大黑斑；外缘白色；亚端在 M_3 室及 Cu_2 室各有 1 枚黑斑，后者常趋退化或消失。后翅略呈卵圆形，白色，基部散布黑色鳞，Rs 末端饰有 1 枚黑斑。前翅反面大部白色，顶角区密被淡黄色鳞；前缘近基部黄绿色，其间杂有灰黑色鳞，肩角边缘深黄色，M_3 室及 Cu_2 室的黑斑色较翅正面者为深。后翅反面布满淡黄色鳞，其间疏布灰黑色鳞，在中室下半面最为密集醒目。腹部底色深黑色，密被白鳞。雌蝶体型较雄蝶略大，翅正面淡灰黄白色，斑纹排列同雄蝶，但色深浓，特别是 Cu_2 室的黑斑显著发达，并在其下方另有 1 条黑褐色带状纹，沿着后缘伸向翅基。翅反面斑纹也与雄蝶相同，但黄鳞色更深浓，极易与雄蝶区别。

分　布

我国广布。

飞龙粉蝶
Talbotia naganum

形态特征

成虫翅展 50~70 mm。雌雄异型。雄蝶前翅正面白色，前缘基部 2/3 密布黑褐色的细鳞片；顶端部黑色，并在外缘延伸到 Cu_2 室；在 M_3 及 Cu_2 室亚缘处各有 1 个较大的黑色圆斑，其中 M_3 室的斑有时与外缘的黑带相连；中室末端有 1 个小黑斑。前翅反面顶端部的黑斑消失，仅有 3 个黑斑存在。后翅正面白色，反面淡黄色，均无斑纹。雌蝶比雄蝶略小，前翅正面顶端部斑纹似雄蝶，但中室后半部黑色纵带与中室端部的小黑斑及 M_3 室的黑斑相连，直达外缘；臀区有 1 条黑色纵带与 Cu_2 室的黑斑相连；反面仅见中室至 M_3 室和臀区的 2 条黑带。后翅正面外缘各室均有三角形黑斑，近前缘的 1 个最长；反面淡黄色，斑纹消失。

分　布

广东、四川、广西、云南、海南、台湾。尼泊尔、越南、柬埔寨、泰国。

蚬蝶科Riodinidae

蛇目褐蚬蝶
Abisara echerius

形态特征

成虫翅展将近 41 mm。翅面底色由黑褐、棕红至褐黄色，因季节而变化。前翅外域由 2 条较宽的淡色横带；中室内有 1 个褐色细斑。后翅外域有一宽二窄共 3 条浅色横纹，在顶角有 2 个冠以白色黑斑，臀角域有 2 个较小的斑。

分　布

广东、重庆、浙江、福建、广西、海南、香港。

波蚬蝶
Zemeros flegyas

形态特征

成虫翅展约 35 mm。翅面红褐色，脉纹色浅；有白点，在每个白点的内方均连有 1 个深褐色斑；前翅外缘波曲，后翅外缘中部突出。翅反面色淡，斑纹清晰。

分　布

广东、广西、海南、重庆、四川、贵州、云南、西藏等。

天蚕蛾科 Saturniidae

宁波绿尾大蚕蛾
Actias ningpoana

形态特征

成虫体长 32~38 mm，翅展 100~130 mm。体粗大。成虫豆绿色，翅粉绿色，前后翅中央各有一椭圆形眼斑，外侧有 1 条黄褐色波纹，后翅尾状，特长 40 mm 左右。

分　　布

在我国西南地区之外广布。

王氏樗蚕
Samia cynthia

形态特征

成虫翅展 130~160 mm。翅黄褐色，前额顶角外突，端部钝圆，内侧下方有黑斑，斑的上方有白色的闪斑形纹，内外线均为白色，中室端有新月形半透明斑。前后翅相似。

分　布

我国广布。

尺蛾科 Geometridae

丽斑尺蛾
Berta chrysolineata

形态特征

成虫翅墨绿色，嵌有白色斑纹，休息时翅常平铺。

分　布

广布于亚洲南部至大洋洲。

豹尺蛾
Dysphania militaris

形态特征

成虫前翅翅展 38~41 mm。雄雌触角均双栉形。额杏黄色，下唇须褐色。前胸有一长方形黑斑。前翅狭长，外缘极倾斜；端半部为蓝紫色，有两列半透明的圆形白斑；基半部杏黄色，有一“E”字形蓝紫色斑纹。后翅杏黄色，散布蓝紫色斑块；翅基蓝紫色；中点为一巨大蓝紫色圆斑，其下方有另一个大圆斑；翅端部为两条极不规则的蓝紫色带，并或多或少断离成大小不等的斑点。翅反面颜色和斑纹同正面。成虫白天活动，飞翔能力较强，行动敏捷。幼虫黄色；蛹褐色，头部有眼形斑。

分　布

福建、广西、云南、海南。印度、泰国、越南、柬埔寨、马来西亚、印度尼西亚。

大钩翅尺蛾
Hyposidra talaca

形态特征

雄成虫翅展 17~18 mm，雌成虫 27~28 mm。雄触角双栉形，栉齿极长；雌触角线形。体和翅均灰褐至紫灰褐色。前翅顶角极凸出，钩状，雄钩端部为尖锐，雌钩端部粗钝。前翅内线弧形，外线锯齿状，颜色比翅面略深；外线内侧色略深。后翅外缘中部凸出成角，翅中部隐见外线及其内侧的暗影状带。前后翅斑纹有时极弱或近于消失，在雌蛾中尤甚。

分　布

福建（闽南）、云南、贵州、海南。印度、缅向、尼泊尔、菲律宾、斯里兰卡、印度尼西亚。

黑斑辉尺蛾
Luxiaria mitorrhaphes

形态特征

成虫前翅长 18~19 mm。体及翅色较辉尺蛾暗；斑纹灰褐色；外线和缘线的小点黑色清晰；前翅外线下端在 Cu_2 至后缘之间形成 1 个鲜明的大黑斑。

分　布

湖南、甘肃、广东。

泛尺蛾
Orthonama obstipata

形态特征

雄成虫翅展 9~11 mm，雌虫 10~12 mm。雄触角双列纤毛形，每节有 2 对纤毛簇；雌线形。额毛簇发达，下唇须中等长，鳞毛粗糙。头胸腹部灰黄褐至灰褐色。雄翅灰黄褐色，雌灰红褐至暗红褐色。前翅中域有 1 条灰黑色带，其上中部外凸，内缘浅弧形；中点位于带内，黑色椭圆形，周围有白圈；带内侧的亚基线和内线，外侧的外线和亚缘线均在中室前缘至 R_5 一线弯褶，然后呈波状并与外缘平行；缘线在翅脉端两侧有 1 对小黑点，缘毛灰黄褐至灰褐色，端半部色较浅。后翅可见内线、中线、外线和亚缘线，前 3 条线深色，有时仅在翅后半部清楚；亚缘线白色深波状；外缘波曲，中部略凸出；缘线和缘毛同前翅。翅反面色略浅，前后翅均有中点和数条波线，其中外线最为清晰。

分　布

湖南、四川、福建、广西、云南、西藏及东北、华北、华东地区。全世界分布（除澳大利亚外）。

海绿尺蛾
Pelagodes antiquadraia

形态特征

成虫前翅长度 1.6~1.8 cm，雌虫比雄虫略大。全身大部分为蓝绿色，翅膀表面散布有纤细的白色碎纹或线纹。

分　布

我国南方地区广布。

狭斑丸尺蛾
Plutodes flavescens

形态特征

雄成虫触角单栉状，末端1/3丝状；下唇须小，浅黄色；额部和胸腹部背面褐色；头顶、领片、身体腹面及足浅黄色。两翅浅黄色，基部和远端各具1个大的褐斑，褐斑边缘黑褐色并带有银色鳞片；两翅基斑在 Cu_2 上凸出呈角状，并与远端褐斑相接；前翅远端褐斑大，近圆形，在 Rs 至 Cu_2 间具1条深褐色横带，横带在 M 脉上明显外凸；后翅远端褐斑肾形，内缘在 M 脉间具一明显外凸齿。反面与正面相似，但颜色较浅和暗淡。

分　布

广东、四川、浙江。

皮鹿尺蛾
Psilalcis galsworthyi

形态特征

成虫翅面为浅棕色，有复杂的褐色、黑色云雾状斑纹，前翅后缘有一大块黑色斑纹，休息时翅常平铺。有很强的趋光性。

分　　布

广东、广西。泰国、马来西亚。

岩尺蛾
Scopula benitaria

形态特征

成虫前翅三角形，淡褐色，有三条褐色带，中间的带颜色较深，翅中室有一黑点；后翅淡褐色，有两条褐色带，中室有一黑带。

分　布

广布于美洲、非洲、亚洲南部。

鹰三角尺蛾
Zanclopera falcata

形态特征

成虫展翅 26~31 mm，翅面黄褐或灰褐色。前翅外线淡褐色，于各脉间具黑色小斑点，越近后缘斑点较大，近前缘较小或消失。后翅斑纹近似前翅，后翅顶角略呈垂直角或尖突，栖息时外缘平齐。

分　　布

广东、台湾。

斑蛾科 Zygaenidae

丽庆锦斑蛾
Erasmia pulchella

形态特征

成虫翅展 81~84 mm。头、触角及胸部金属蓝绿色有闪光；腹部背面白色并充满绿色，腹面黑色；前翅底色黑，翅基部金属蓝绿色，靠近翅基有 1 条宽阔橘红色不规则弯曲前中带，其外侧有 1 条比较窄的弯曲中带，闪耀金属蓝绿光，向外有一排弯曲不规则大白斑组成的阔带，边缘绿色。

分　布

广东、广西、云南、四川。

茶斑蛾（茶柄脉锦斑蛾）

Eterusia aedea

形态特征

成虫体长 17~20 mm，翅展 56~78 mm。雄蛾触角双栉齿状；雌蛾触角基部丝状，上部栉齿状，端部膨大，粗似棒状。胸、腹基部黑色，略带蓝色，具缎样光泽。腹部黄色，末端黑色，腹部腹面黑色有淡橙黄色横线。前翅蓝黑色，基部有数枚黄白色斑块，中部内侧黄白色斑块连成一横带，中部外侧散生 11 个斑块，中室端有一圆形白斑，中室外端由翅前缘至翅后缘有一系列白色条纹呈“S”形排列，后翅蓝黑色，后翅中部黄白色横带甚宽，中室外有 3 个淡黄色椭圆形斑纹。

分布

福建、浙江、江苏、安徽、江西、湖南、台湾、广西、西川、云南、贵州。日本、印度、斯里兰卡。

蓝宝烂斑蛾

Clelea sapphirina

形态特征

成虫小型，翅均为黑色，并有蓝色斑纹。前翅前缘及外缘有一较细的蓝色线，从翅前缘 1/3 处向外角斜伸一蓝色带，外侧有 3 条不规则蓝色带。

分　布

广东、重庆、香港。

天蛾科 Sphingidae

黑长喙天蛾
Macroglossum pyrrhosticta

形态特征

成虫翅长 25 mm 左右。体茶褐色，头及胸部背中线不明显；腹部有不甚明显的橙黄色斑；胸部腹面灰色，腹部腹面褐色。前翅基部有三角形暗褐色斑，中线为波浪纹，外侧各线较细波状，棕黑色，顶角上方有深棕色纵斑；后翅棕黑色，中部有橙黄色横带；翅反面赭褐色，基部黄色，各横线棕色。

分　布

广东、福建、湖南。

木蠹蛾科 Cossidae

咖啡豹蠹蛾
Zeuzera coffeae

形态特征

中小型蛾，成虫翅展：雄 26~47 mm、雌 42~58 mm。头、胸、腹和翅均为白色，触角黑褐色。雄性触角基半部双栉状，端半部锯齿状；雌性触角线状。胸部白色，背面有 3 对青蓝色圆点。雄性前翅脉间密布规则排列的黑色细短纹，较模糊，但短纹不超出翅脉，雌性前翅脉间黑纹较稀，粗而明显；翅周缘的黑点大而显著；后翅仅臀区无条纹。腹部白色，背中央、两侧以及背侧线共有 5 列黑点，其中背中央的点较小，两侧黑点较大。在腹部腹面，雄虫无斑点，雌虫有 3 列青蓝色黑斑，以中央 1 列较大。

分　布

广东、广西、福建、台湾、江西、江苏、浙江、湖南、湖北、四川、河南。

螟蛾科 Pyralidae

黄尾巢螟
Hypsopygia postflava

形态特征

成虫体长 7.5 mm，翅展 18~20 mm，雄蛾略小于雌蛾。头、触角、下颚须深红色。下唇须黑褐色向上弯曲超过头顶。雄性触角长纤毛状，翅紫红色，外缘色泽加深。前翅中部前缘有黑、白相间刻点，内横线及外横线淡黄色呈半圆形弯曲，中室端有 1 个黑斑。后翅内横线及外横线淡黄色波状向内倾斜，在后缘靠近。双翅，缘毛金黄色。胸、腹部背面紫红色，腹部末端 4 节金黄色。

分　布

广东、四川、台湾。

虎蛾科 Agaristidae

鹿彩虎蛾
Episteme adulatrix

形态特征

成虫体长 26~29 mm，翅展 67~74 mm。头部及胸部黑色，下唇须第 1、第 2 节、额两侧及触角基部各有 1 白斑；复眼后衬白色，头顶有一白斑，颈板、翅基片及前胸有粉黄斑；腹部橘红色。背面基部黑色，其余各节有黑横条；前翅黑色，基部有 2 列粉蓝斑，在后缘处相连，中室基部一嫩黄小斑，中部一嫩黄大方斑，其后连一同色大方斑，外区前半有 2 组长方形嫩黄斑，亚端区 1 列白斑。后翅黑色，亚端区 1 列蓝白斑，在 2 脉后为 2 橘红色斑。

分　布

广东、云南、贵州、四川。印度、缅甸、尼泊尔等。

白斑修虎蛾
Sarbanissa albifascia

形态特征

成虫前翅黑褐色，有一白色肾形斑纹；后翅橙色，外缘为黑色。触角丝状。

分　布

广东、海南。东南亚。

燕蛾科 Uraniidae

大燕蛾
Lyssa zampa

形态特征

雌蛾听器位于腹部侧面，雄蛾听器则位于腹部两侧，无翅缰，触角线形。翅长约 50 mm；前翅赭褐色，有黑、白相间的节形纹，并有棕黑色散纹，外侧有较宽的灰褐色区，顶角至外线处为烟褐色；后翅呈粉白色；外缘有齿形突及长达 25 mm 的尾带，基部赭色，端部白色。

分　布

华南地区广布。东南亚。

灯蛾科 Arctiidae

八点灰灯蛾
Creatonotus transiens

形态特征

雄成虫体长 19~20 mm，翅展 36~54 mm，头、胸白色，稍染褐色，体呈灰白色，下唇须第 3 节、额边缘和触角黑色，触角丝状，足具黑带，腿节上方橙色，腹部背面橙色。腹面及雌蛾肛毛簇白色，背面、侧面及亚侧面各有 1 列黑点。前翅底色白，除前缘区外脉间染褐色，中室上、下角内、外方各有 1 列黑点；后翅白色或暗褐色，有时具有亚端点 1~4 个。雌虫前、后翅色淡，腹端稍尖。

分　布

华东、华中、华南地区以及山西、陕西、内蒙古、四川、云南、西藏等。

异粉蝶灯蛾
Nyctemera adversata

形态特征

成虫翅展 44~56 mm。头黄色，顶端及额中央具黑斑，下唇须黄色，顶端黑色，颈板黄色，胸与翅基片黄白色，颈板、肩角及胸部各节具黑点 1 个，翅基片具 2 个黑斑，足白色具黑褐条纹，基节黄色具黑点，腹部白色，末端 2~3 节黄色，第 1 节背面有 3 个黑点，背面其余各节及侧面各具 1 列黑点。前翅白色，内半部前缘具黑褐边，外半翅脉黑褐色，中室中部有 1 暗褐色斑纹；后翅白色，中室下角处 1 黑褐斑，亚端斑 4~5 个。

分　布

广布于长江以南各地。日本、印度、尼泊尔、不丹、马来西亚及苏门答腊岛。

伊贝鹿蛾
Syntomoides imaon

形态特征

成虫翅展 35~40 mm，体背黑色具蓝色光泽，头胸间具黄纹，腹部有 2 条黄色环带，外观近似黄颈鹿蛾但本种前翅空窗较大，空窗间紧邻，雄虫前翅翅端的空窗列少了一枚，上下的 2 枚分离，雌虫是 5 枚白斑紧邻。雄虫体型瘦小，前翅下方的白色空窗，上下的 2 枚分离。雌虫体型大而肥胖，前翅的空窗较大，近后端的空窗 4 枚仅邻间隙呈线状。

分　布

我国南部。

菜蛾科Plutellidae

小菜蛾
Plutella xylostella

形态特征

成虫体长 6~7 mm，翅展 12~16 mm。触角柄、梗节黄白色，鞭节褐色，各亚节端部有白环。前后翅细长，翅缘呈黄白色三度曲折的波浪纹，两翅合拢时呈 3 个接连的菱形斑。前翅灰褐色密布许多大小不等的暗褐色小点，前翅缘毛长并翘起如鸡尾，触角丝状，褐色有白纹，静止时向前伸；后翅银白色，缘毛灰色、很长。雌虫较雄虫肥大，腹部末端圆筒状，雄虫腹末圆锥形，抱握器微张开。

分　布

我国各地均有分布。

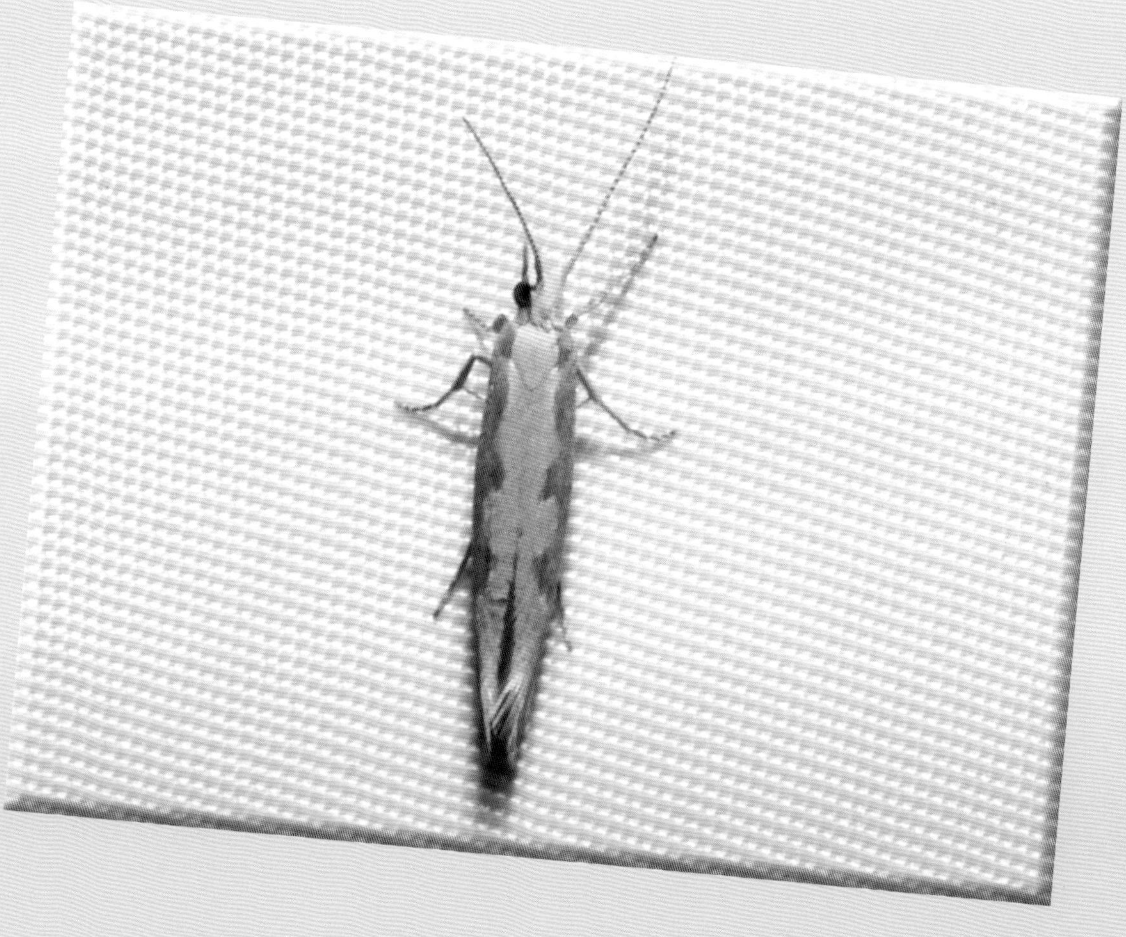

弄蝶科 Hesperiidae

雅弄蝶
Iambrix salsala

形态特征

成虫翅正面黑褐色，翅中域有 1 列黄白色的小斑，斜行排列，后翅无斑纹。雄蝶在中室与 Cu_2 和 Cu_1 脉基部有 1 条状性标。翅反面带红棕色，前后翅各有数个排列不规则的银斑，其中中室端 1 个斑最大。

分　布

我国南部。南亚、东南亚。

旖弄蝶

Isoteinon lamprospilus

形态特征

雄蝶翅正面黑褐色，外缘毛黑白色相间，前翅亚顶端有3个长方形小白斑，中域有4个方形透明白斑，一个在中室端，其他三个在Cu_2、Cu_1、M_1室，构成一直线。后翅无纹。翅反面黄褐色，前翅后半部黑色，斑纹与翅正面相同；后翅中室具黄色鳞毛，有8个银白色斑点，排成一个圆圈，中间一个较大，银斑周围有黑褐色边。雌蝶较雄蝶大，前翅外缘较圆，斑纹大而明显。

分　　布

广东、浙江、江西、福建、湖北、台湾、海南、广西、四川。

凤蝶科 Papilionidae

碎斑青凤蝶
Graphium chironides

形态特征

成虫翅展 65~75 mm。体背面黑色，具绿毛，腹面淡白色。翅黑褐色，斑纹淡绿或浅黄色；前翅中室有 5 个斑纹排成 1 列；亚顶角有 2 个斑点；亚外缘区有 1 列小斑；中区有 1 列斑从前缘伸到后缘，从前到后除第 2 斑外逐斑递长，最后一斑最长。后翅基半部有 5~6 个大小不同的纵斑；亚外缘区有 1 列点状斑；外缘波状而直。翅反面棕褐色，前翅斑纹淡绿色与正面相似。后翅亚外缘的斑列加宽，其内侧另有 5 个黄色斑纹；基部 2~3 个斑呈淡黄色。其余与正面相似。

分　布

广东、浙江、湖南、海南、广西、四川、贵州、福建。印度、缅甸、泰国、越南、印度尼西亚、马来西亚。

青凤蝶

Graphium sarpedon

形态特征

成虫翅展 70~85 mm。翅黑或浅黑色。前翅有 1 列青蓝色的方斑，从顶角内侧开始斜向后缘中部，从前缘向后缘逐斑递增，近前缘的一斑最小，后缘的一斑变窄。后翅前缘中部到后缘中部有 3 个斑，其中近前缘的 1 个斑白色或淡青白色；外缘区有 1 列新月形青蓝色斑纹；外缘波状，无尾突。雄蝶后翅有内缘褶，其中密布灰白色的发香鳞。前翅反面除色淡外，其余与正面相似。后翅反面的基部有 1 条红色短线，中后区有数条红色斑纹，其他与正面相似。有春、夏型之分，春型稍小，翅面青蓝色斑列稍宽。

分　布

广东、陕西、四川、西藏、云南、贵州、湖北、湖南、江西、浙江、海南、广西、福建、台湾、香港。

宽带青凤蝶

Graphium cloanthus

形态特征

成蝶翅展 75~85 mm。翅黑褐色。前翅有 1 列青绿色斑组成的宽横带，从顶角内侧开始斜向中部，从前缘数第 3 斑错位，且大于前后相邻的斑，其余斑从前向后逐斑递增，近前缘的 1 个斑最小，后缘 1 个斑狭长；中室内有 2 个斑，1 个略呈方形，另 1 个锥状。后翅基半部有 1 块大的三角形斑，青绿色，但近前缘部分色淡；亚外缘有 1 列青绿斑，近上角 1 个细小，有时不明显；外缘波状，尾突长。前翅反面外缘有 1 条浅色带，其余与正面相似；后翅除基部、中后区及臀角有红色斑外，其余与正面相似。

分　布

华东、华南、西部地区及台湾。中南半岛北部、苏门答腊岛、喜马拉雅山。

宽带凤蝶
Papilio nephelus

形态特征

成蝶体、翅黑色。雄蝶后翅正面具 4 个白色或淡黄色的大白斑列；前翅反面臀角具蓝色斑；后翅反面大白斑后面还有小黄斑，连成 1 横列，外缘有黄色新月斑。雌蝶翅斑比雄蝶翅更清晰、粗大。本种似玉斑凤蝶 *P. helenus*，但雌蝶后翅斑纹差异明显。

分　布

江西、广西、云南、福建、台湾。泰国、缅甸、不丹、尼泊尔、马来西亚、印度尼西亚等。

碧凤蝶
Papilio bianor

形态特征

成蝶翅呈三角形，后翅外缘波状，黑色。前翅端半部色淡，翅脉间多散布金黄或金蓝或金绿色鳞，后翅亚外缘有 6 个粉红或蓝色飞鸟形斑，臀角有 1 个半圆形粉红色斑，翅中域特别是近前缘形成大片蓝色区，反面色淡，斑纹非常明显。前后翅中室封闭式，尾突亦布有蓝色及绿色亮鳞，但边缘仅有黑色鳞而形成出黑框。雌雄两蝶颜色及斑纹几乎相同，雄蝶前翅亚外缘区、外中区、中区下部有 4~5 个梭形香鳞区，雌蝶后翅外缘之橙红色新月纹较雄虫稍微发达一些。

分　　布

中国、日本、朝鲜、越南北部、印度等。

玉带凤蝶
Papilio polytes

形态特征

成蝶翅展 77~95 mm。体翅黑色，雌雄异型。雄前翅外缘有 1 列白斑，后翅中部有清晰而规则的 1 列横白斑；后翅反面外缘凹陷处有橙色点，亚缘有 1 列橙色新月形斑，翅中部也有 1 列横白色斑。雌蝶多型，白带型后翅外缘斑似雄翅反面，中域有 6 个白斑，近后缘 2 个斑红色；赤斑型后翅中域无白色斑列，中外方有 2 个长形小蓝斑，近后缘为 2 个长形大红斑。

分　布

黄河以南地区。印度、日本及马来半岛等。

美凤蝶
Papilio memnon

形态特征

成蝶翅展 105~145 mm。雌雄异型及雌性多型。

雄蝶体、翅黑色。前、后翅基部色深，有天鹅绒状光泽，翅脉纹两侧蓝黑色。翅反面前翅中室基部红色，脉纹两侧灰白色；后翅基部有 4 枚不同形状的红斑，在亚外缘区有 2 列由蓝色鳞片组成的环形斑列，但轮廓不清楚；臀角有环形或半环红斑纹，内侧即 Cu_2、Cu_1 室有弯月形红斑纹，无尾突。

雌性无尾突型前翅基部黑色，中室基部红色，脉纹及前缘黑褐色或黑色，脉纹两侧灰褐色或灰黄色。后翅基半部黑色，端半部白色，以脉纹分割成长三角形斑，亚外缘区黑色，外缘波状，在臀角及其附近有长圆形黑斑。翅反面前翅与正面相似；后翅基部有 4 枚不同形状的红斑，其余与正面相似。

雌性有尾突型前翅与无尾突型相似，后翅除中室端部有 1 枚白斑外，在翅中区各翅室都有 1 枚白斑，有时在前缘附近白斑消失；外缘波状，在波谷具红色或黄白色斑；臀角有长圆黑斑，周围是红色。翅反面前翅与正面相似。后翅除基部有 4 枚红斑外，其余与正面相似。

分　布

广东、四川、云南、湖北、湖南、浙江、江西、海南、广西、福建、台湾。

巴黎翠凤蝶

Papilio paris

形态特征

成蝶翅展 95~125 mm。体、翅黑色或黑褐色，散布翠绿色鳞片。前翅亚外缘有 1 列黄绿或翠绿色横带，被黑色脉纹和脉间纹分割成斑块状，由后缘向前缘逐渐变窄，色调逐渐变淡，未及前缘即消失。后翅中域靠近亚外缘有一大块翠蓝或翠绿色斑，斑后有 1 条淡黄、黄绿或翠蓝色窄纹通到臀斑内侧；亚外缘有不太明显的淡黄或绿色斑纹；臀角有 1 个环形红斑。翅反面前翅亚外缘区有 1 条很宽的灰白色或白色带，由后缘向前逐渐扩大并减弱；后翅基半部散生无色鳞片，亚外缘区有 1 列“W”或“U”形红色斑纹；臀角有 1~2 个环形斑纹，红斑内镶有白斑。

分　布

中国、印度、老挝、泰国、越南、缅甸、印度尼西亚。

玉斑凤蝶
Papilio helenus

形态特征

成蝶体、翅皆黑色。后翅具 3 个彼此紧靠的白色或淡黄色大斑，翅缘凹陷处橙黄色，亚缘有红色新月斑列，臀角 2 个红斑几成圆环形；翅反面似正面，但斑纹清晰明显。本种凤蝶似宽带凤蝶 *P. nepheles*，可从后翅斑纹的特征等区别开来。

分　布

中国、日本南部、朝鲜南部、印度西北部、缅甸等。

刺蛾科 Limacodidae

灰斜纹刺蛾
Oxyplax pallivitta

形态特征

成虫翅展 18~24 mm。头和腹背灰褐色，胸背赭红色。前翅赭红带褐色，中室以上的前缘部分较暗，从翅顶到后缘中央有 1 条灰白色斜线，两侧具暗边，尤以外侧扩展至外缘。后翅灰褐色。雄性外生殖器：爪形突二叶，末端钝，长椭圆形，其上密布短刺；颚形突弯钩形，端部宽大；抱器瓣基部宽，逐渐向端部变窄，末端较圆；抱器腹短宽；阳茎直，中等粗，约为抱器背长的 2/3，端部稍细；阳端基环简单，仅在腹面呈一板形。雌性外生殖器：后表皮突细长；前表皮突较短，长度约为后表皮突的 2/3；囊颈粗；囊导管中等粗，短而直；囊体大，长椭圆形，囊突不明显。

分　布

广东、山东、安徽、江苏、台湾。日本及东南亚。

眼蝶科 Satyridae

曲纹黛眼蝶
Lethe chandica

形态特征

成蝶翅展宽 55~60 mm。雌雄异型。雄蝶翅正面棕黑色，基半部色较浓；后翅亚外缘黑色斑列隐约可见。翅反面棕褐色，前后翅亚外缘各有 6 个眼状斑，内横线从前翅前缘至后翅近后缘为 1 条细条纹，从前翅中室域直至后翅臀角有 1 条强度波曲的条纹；后翅眼状斑明显，顶端的 1 个中心有 1 小白点，其余的眼状斑内有 2~3 个小白点。雌蝶翅正面红棕褐色，中室外侧有 1 个长形白斑，与 M_3 室的白斑相连接。Cu_1 室的三角形白斑独立，前后翅的眼状斑较明显；翅反面除前翅具白斑外，其余色彩斑纹与雄蝶相似。

分　布

广东、浙江、福建、广西、云南、台湾、西藏等。

夜蛾科 Noctuidae

甜菜夜蛾
Spodoptera exigua

形态特征

成虫翅长 19~25 mm。头部及胸部灰褐色有黑点，腹部淡褐色。前翅灰褐色，基线仅前端可见双黑纹，内线双线黑色，波浪形外斜，剑纹为 1 黑条，环纹粉黄色，黑边，肾纹粉黄色，中央褐色，黑边，中线黑色，波浪形，外科至肾纹前端，然后由肾纹后端微内斜，外线双线黑色，锯齿形，前、后端线间白色，亚端线白色，两侧有黑点，外侧在 6 脉处有 1 较大的黑点，端线为 1 列黑色点，其内侧均衬以白色；后翅白色，翅脉与端线黑褐色。卵圆馒头形，卵粒重叠，形成 1~3 层卵块，有白绒毛覆盖。

分　布

世界广布。

斜纹夜蛾
Spodoptera litura

形态特征

成虫前翅灰褐色，内横线和外横线灰白色，呈波浪形，有白色条纹，环状纹不明显，肾状纹前部呈白色，后部呈黑色，环状纹和肾状纹之间有 3 条白线组成明显的较宽的斜纹，自翅基部向外缘还有 1 条白纹。后翅白色，外缘暗褐色。

分　布

国内各地都有虫害分布，主要发生在长江流域、黄河流域。世界性分布。

黯厚角夜蛾
Hadennia mysalis

形态特征

成虫前翅长 11~12 mm；雄虫下唇须延长向头、胸部背侧方弯曲，第 3 节长椭圆形而背方着生暗棕色毛状鳞片束，头部、躯干及双翅暗紫色，环纹黄褐色外框黑晕，非常小，肾纹白色呈横向披针状小短斑，其内侧之中线呈黑色宽带晕，顶角至亚外缘中段具有一宽黑带晕，外缘白褐色内衬黑边；后翅外缘平滑向外弯曲，中段具有黑色宽晕，端室斑白色新月状。

分　布

广东、香港、海南、台湾。东南亚。

斑艳叶夜蛾
Eudocima hypermnestra

形态特征

雌雄二型，成蛾前翅黄绿色似枯叶，而雌蛾的前翅上还有几个白色斑纹。

分　　布

广东、云南、广西、台湾。东南亚及印度。

实毛胫夜蛾

Mocis frugalis

形态特征

成虫翅展 37~45 mm。通体灰褐色；前翅褐灰色，内线褐色隐约可见，后端内侧有一黑点，环纹为一黑点，肾纹边缘暗褐色，外线褐黄色，直线外斜，外侧衬暗棕色，亚端线灰色，各脉上有黑点，端线黑色波浪形，亚中褶近中部有一黑灰色条纹；后翅灰褐色，外线及亚端线暗褐色。

分　布

广东、福建、海南、台湾。东南亚。

膜翅目
Hymenoptera

蜜蜂科 Apidae

西方蜜蜂
Apis mellifera

形态特征

成虫体形比黑蜂略小，腹部细长，吻较长（6.3~6.6 mm）；腹板颜色鲜明，在第 2~4 腹节背板的前部具黄色环带。但黄色区域的大小和色泽深浅有很大变化，有的蜂群较宽而浅，有的窄而深。浅色的蜂种，常具有黄色的小盾片，类似塞浦路斯蜜蜂。其特浅色类型，就是众所周知的“黄金种蜜蜂”，仅在腹部末端具有黑色小斑。绒毛亦具黄色，这在雄蜂上特别易于区别。其覆毛短，绒毛带宽而密。

分　布

原产于意大利，分布于除南北极外的全世界。

胡蜂科 Vespidae

黄裙马蜂
Polistes sagittarius

形态特征

成虫头胸均为黑色，足为红棕色，腹部红棕色，在约 1/4 处有一黄色带，该色带约占腹部长度的 1/3，易与黄腰胡蜂混淆，但本种可通过纺锤形腹部进行区分。

分　布

广东、广西、云南。亚洲东南部。

黑盾胡蜂
Vespa bicolor

形态特征

成虫体长约 24 mm。雌蜂头部宽略窄于胸部。两触角窝之间整个隆起，黄色，额沟不明显，布有棕色较长的毛，刻点浅细，除两复眼内缘凹陷及下侧为鲜黄色外，额部及颅顶部均为黑色。前胸背板中部呈圆形隆起，两肩角可见、全呈黄色，布有细线刻点，并覆较长的棕色毛。体长约 21 mm。雄蜂近似雌蜂。唇基端部无明显突起的两个齿。腹部共 7 节。

分　　布

广东、河北、陕西、浙江、四川、广西、福建、云南、西藏。印度、越南等。

土蜂科 Scoliidae

白毛长腹土蜂
Campsomeris annulata

形态特征

雄虫：体长 13~20 mm，黑色，生有白色短柔毛。第 5 腹节及其后体节生有黑色毛。翅透明，近翅端色深，似烟色。头顶和唇基的中间平滑，单眼后方有数个密集的大刻点，前额缝短，后头其密柔毛。前胸背板前面柔毛密，中胸盾片密布大刻点，并胸腹节密布略小刻点。腹部 1~4 节光滑，几乎无刻点，第 5~6 节密而粗的刻点，腹部第 1~4 背板后缘和第 2~4 腹板后缘有白色毛带。

雌虫：体长 12~16 mm，黑色。唇基的每一边、前胸背板中央、小盾片的两个纹（多半消失）、前足和中足腿节外侧端部、前足和中足胫节外缘黄色。腹部略有青色光泽，第 1~5 节的后缘有横的浅黄色带，第 2 腹节上的黄带两侧宽，第 5 腹节上黄带细。所有的腹节都有稀疏的浅而粗的刻点。翅透明，少数略暗。

分　布

除西北、东北地区外全国广布。日本、韩国及东南亚。

蚁科 Formicidae

东方植食行军蚁
Dorylus orientalis

形态特征

大型工蚁，体长最大为 7.4 mm。栗褐至褐黄色，后腹部色较浅。身体具有密的刻点，后腹刻点较浅。无复眼。柔毛稀，短；头前及后腹部腹面及末端有一些立毛。小型工蚁；体长最长 4.6 mm。形状类似大型工蚁，后缘略凹，体色较淡。雄蚁；体长 25.1~25.9 mm。褐黄色，上颚、足栗黄色。除后腹部外毛被黄色，直立后腹部腹面有稀疏立毛，末端立毛密，全身有极为丰富的柔毛，呈丝质光泽。头窄，复眼和单眼很大；上颚短，宽且端部钝，内缘基部具一钝齿。胸腹节大，前面球形，中胸小盾片侧扁，后小盾片窄，与小盾片和并胸腹节板连接处凹陷；并胸腹节背板斜面平截。足短，粗；基节膨大；转节和腿节扁，非常宽，胫节和跗节纤细。

分　布

湖南、广西、云南、贵州、福建。

黄猄蚁
Oecophylla smaragdina

形态特征

工蚁。正面观头近圆形，前部窄于后部，后缘近平直，后角圆，侧缘凸；上颚长条形，咀嚼缘不少于 9 齿，端齿尖且弯。唇基宽大，前缘宽圆；额叶退化，触角窝近完全裸露；额脊短，向后明显收敛；触角柄节后 1/2 以上超过头后缘。复眼大，最大直径等于复眼前缘至上颚基部的距离；单眼 3 个，不明显。侧面观前胸背板宽大、背面圆凸，中胸缢缩呈圆筒状，后胸气门位于背面前部，并胸腹节背面平直，斜面近平直，背面和斜面近相等，两者之间弧形或圆形过渡。腹柄矮长、后部宽于前部。背面观中胸前宽，中后部窄，后胸气门位于背面，并胸腹节背面椭圆形。上颚具细纵纹；全体具密集的网状刻点。立毛仅存在蚁腹部末端；全体具密集的短绒毛。

分　布

广东、海南、广西、云南。印度、缅甸、斯里兰卡、马来西亚、印度尼西亚、巴布亚新几内亚、澳大利亚。

梅氏多刺蚁
Polyrhachis illaudata

形态特征

工蚁。正面观头椭圆形，复眼至后部墓冢状，复眼前部侧缘近平行，近上颚处收敛。上颚三角形，咀嚼缘具 5 齿。唇基中部凸，略呈中脊状，前缘圆。额叶抬起，略遮盖住触角窝；额脊后部收敛；触角柄节后 1/2 超过头后缘。复眼较大，位于远离头侧缘中线之后，近半圆形突出。侧面观并腹胸背面凸，前胸背板前面具 1 枚长刺，前中胸背面微凸，前低后高，前中胸背板缝和后胸沟明显，中胸背面短平，并胸腹节背面前倾背面微凸，前部明显高于后背，斜面微凹背面和斜面之间具 1 枚短刺。腹柄前面和后面微凸，背面具刺。背面观前胸背面肩角具 1 枚指向前方略偏外侧的长刺，后角急剧凹陷进入前中胸背板缝，中胸前面平直，前侧角直角状，后缘弧形；并胸腹节前测角圆，向后收敛，后面弧形凹陷，后侧具小齿。腹柄前面观侧面具尖刺，背面两侧具长刺，背面具 2 个小齿突。上颚具纵纹，额叶之间具密集的细皱纹，头后部具粗纵脊；并腹胸具纵皱纹和密集的刻点；后腹部具密集的刻点网纹。全体黑色，具密集的立毛和绒毛，立毛和绒毛黄棕色。

分　布

广东、陕西、浙江、湖北、江西、湖南、福建、台湾、海南、香港、广西、四川、贵州、云南、西藏。印度、孟加拉国、缅甸、斯里兰卡、马来西亚及东南亚。

参考文献

白明 . 武夷山金龟志 [M]. 北京 : 中国农业科学技术出版社 , 2020.

华立中 , 奈良一 , G. A. 塞缪尔森 , 等 . 中国天牛（1406 种）彩色图鉴 [M]. 广州 : 中山大学出版社 , 2009.

黄灏 , 陈常卿 . 中华锹甲 Ⅱ [M]. 台北 : 台湾生态有限公司 , 2013.

王敏 , 岸田泰则 . 广东南岭国家自然保护区蛾类 [M].[出版地不详]: Goecke & Evers, 2011.

易传辉 , 和秋菊 , 王琳, 等 . 云南蛾类生态图鉴 [M]. 昆明 : 云南科技出版社 , 2015.

虞国跃 . 北京甲虫生态图谱 [M]. 北京 : 科学出版社 , 2020.

虞国跃 . 中国瓢虫亚科图志 [M]. 北京 : 化学工业出版社 , 2010.

张巍巍 . 中国昆虫生态大图鉴 [M]. 重庆 : 重庆大学出版社 , 2011.

周尧 . 中国蝶类志（上册）[M]. 郑州 : 河南科学技术出版社 , 1994.

周尧 . 中国蝶类志（下册）[M]. 郑州 : 河南科学技术出版社 , 1994.

中文名索引

学名索引

A

B

C

D

E

F

G

H

后记

“绿美东莞·品质林业”是东莞林业系统按照广东省委、东莞市委绿美生态建设部署，在东莞长期坚持的城市定位引领下，结合新时代新形势新要求，明确当前及今后一个时期的战略任务和价值追求。未来一段时期，东莞市林业局将以绿美生态建设为牵引，不断提升林业系统各项工作品质，为培育千万人口绿美生态家园意识做出林业贡献，为东莞经济社会发展提供高质量林业保障。

按照“一年开局起步、三年初见成效、五年显著变化、十年根本改变”的工作要求，东莞市林业局以提升全社会林业科学素养为小切口，结合东莞生物多样性的绿色本底，组织编印“绿美东莞·品质林业”系列书籍，普及林业科学及绿美东莞生态建设知识，希望系列书籍能为绿美东莞生态建设提供科学支撑，也为更好地动员社会力量参与绿美生态建设营造浓厚氛围。

丛书编委会

2023年11月